DR. JENS-UWE MEYER

reset

WIE SICH UNTERNEHMEN UND ORGANISATIONEN NEU ERFINDEN

BusinessVillage

Dr. Jens-Uwe Meyer
reset
Wie sich Unternehmen und Organisationen neu erfinden
1. Auflage 2022

Bestellnummern
ISBN 978-3-86980-635-8 (Druckausgabe)
ISBN 978-3-86980-636-5 (E-Book, PDF)
ISBN 978-3-86980-637-2 (E-Book, EPUB)
Direktbezug unter www.businessvillage.de/bl/1144

Bezugs- und Verlagsanschrift
BusinessVillage GmbH
Reinhäuser Landstraße 22
37083 Göttingen

Telefon:	+49 (0)5 51 20 99-1 00
Fax:	+49 (0)5 51 20 99-1 05
E-Mail:	info@businessvillage.de
Web:	www.businessvillage.de

Layout und Satz
Sabine Kempke

Grafiken
Nadim Mahmud Sujon

Karikaturen
Roger Schmidt

Druck und Bindung
www.booksfactory.de

Inhalt

Über den Autor

Dr. Jens-Uwe Meyer gehört zu den führenden Experten für Innovation und Zukunftsstrategien für Unternehmen. Er ist internationaler Keynote Speaker und Vorstandsvorsitzender der Innolytics AG. Sein Unternehmen entwickelt Software für digitale Managementsysteme, die Unternehmen dabei unterstützen, den Wandel effektiv zu gestalten. Dr. Jens-Uwe Meyer hat über die Innovationsfähigkeit von Unternehmen promoviert. Er ist Autor von dreizehn Büchern zu Innovation und Digitalisierung, unter anderem »Das Edison-Prinzip«, »Digitale Disruption« und »Digitale Gewinner«.

Kontakt

E-Mail: kontakt@jens-uwe-meyer.de

Web: jens-uwe-meyer.de

Einleitung

Mittendrin im Jahrzehnt des Turbowandels

Sie sind am Steuer eines Ozeanriesen. Vor Ihnen taucht ein Eisberg auf. Was tun?

Der Eisberg steht symbolisch für das, was in den nächsten Jahren auf Unternehmen zukommt. Es ist der Turbowandel, dessen Auswirkungen immer stärker zu spüren sind. Digitalisierung und Automatisierung, Klimawandel und Nachhaltigkeit, Demografie und Fachkräftemangel – diese Trends werden sich in den kommenden Jahren gegenseitig verstärken. Der Wandel wird noch schneller als im Jahrzehnt vor der Coronakrise geschehen. Und er wird noch tiefgreifender werden.

Egal, ob Sie ein Unternehmen oder eine Abteilung leiten, ob Sie Ihr Team oder sich auf die Zukunft vorbereiten wollen, in den nächsten Jahren werden Sie sich einmal oder sogar mehrmals neu erfinden müssen. Den Reset-Knopf drücken. Alles infrage stellen. Und neu aufbauen. »Angesichts der fundamentalen Umbrüche in Wirtschaft und Gesellschaft braucht Deutschland eine kreative Erneuerung«, heißt es in einer McKinsey Studie 2021. Die weltweit führende Management-Publikation, der Harvard Business Review, schreibt 2022: »Das Management muss in der Lage sein, den Platz des Unternehmens in der Welt neu zu definieren.« Auch Führungskonzepte verändern sich radikal. »Wir treffen nach wie vor Entscheidungen wie vor Jahrzehnten schon,« stellt Gartner, ein weltweit führendes IT-Beratungsunternehmen, in seinen Zukunftstrends für die Jahre nach 2022 fest. »Etwas muss sich ändern.«

Denn es ist nicht nur ein einziger Eisberg auf dem Meer, den es zu bewältigen gilt. Das Management der nächsten Jahre wird vergleichbar mit der Navigation durch ein ganzes Meer von Eisbergen. Immer wieder werden neue Hindernisse auftauchen, die Position der Eisberge verändert sich ständig – genauso wie das Wetter. In einer solchen Situation brauchen Unternehmen, Abteilungen und Beschäftigte vor allem eines: Die Fähigkeit, sich immer wieder zu verändern und sich neu zu erfinden. Erfolgreiche Unternehmen machen es vor.

Sich neu erfinden: Die Erfolgsformel für die kommenden Jahre

Beispiel: Ohne Reset kein Netflix

1997 hatten die Unternehmer Reed Hastings und Marc Randolf eine Idee: Warum müssen Kundinnen und Kunden zu einem Geschäft fahren, um sich einen Film auszuleihen? Kann man DVDs nicht auch per Post verschicken? Sie gründeten ein Unternehmen, das dem großen US-Videoverleiher Blockbuster Konkurrenz machte. Blockbuster vermietete Filme als VHS oder DVD in seinen Filialen und in Geschäften. Hastings und Randolf kauften DVDs in großer Stückzahl und vermieteten sie per Post. Ein erfolgreiches Geschäft. Doch dann passierte etwas, was die Welt der DVD-Verleiher für immer veränderte: Videostreaming setzte sich mehr und mehr durch.

Reed Hastings drückte den Reset-Knopf und beschloss, das Unternehmen radikal neu zu erfinden. Als Videostreaming-Service. Hätte er das nicht getan, wäre das Unternehmen Netflix heute ein perfektes Beispiel für einen Wirtschaftsdinosaurier. In den Jahren nach 2022 muss sich Netflix wieder neu erfinden. Denn der Markt im Videostreaming ist heiß umkämpft. Der ständige Reset wird für das Unternehmen zur neuen Normalität. Blockbuster hingegen, der Platzhirsch auf dem Markt der Verleiher, ging in die Insolvenz.

Überall auf der Welt wird der Reset-Knopf gedrückt

Es sind nicht nur plakative Fälle wie Netflix, in denen Unternehmen Abschied von dem nehmen, was sie jahrelang erfolgreich gemacht hat. Der Trend, das eigene Unternehmen neu zu erfinden, macht vor keiner Branche und keinem Land halt.

BP hat 2020 einen radikalen Strategiewechsel angekündigt: Weg vom Öl, hin zu erneuerbaren Energien. Siemens steckt mitten in einer Metamorphose vom Anlagenbauer zum Softwarekonzern. GROHE, bekannt durch seine Badlösungen und Küchenarmaturen, treibt mit Produkten wie einer Smart Home Lösung zur Vermeidung von Wasserschäden die Digitalisierung der Sanitärbranche voran. Zwar ist Teslas Model 3 das meistverkaufte Elektroauto 2021 in Deutschland, doch die meisten E-Autos insgesamt verkauft Volkswagen. Larry Fink, CEO des weltweit größten Vermögensverwalters, fordert in einem offenen Brief an Unternehmenschefs weltweit, die Finanzwelt grundlegend umzugestalten.

Auch Städte, Regionen und sogar ganze Volkswirtschaften drücken den Reset-Knopf. Noch Anfang der 2010er-Jahre war das Quartier Zhongguancun im Norden von Peking ein Geheimtipp: Dort konnten Sie billige Raubkopien von Musik-CDs und gefälschte Computerprogramme erwerben. Und heute? Ist es das Hightech-Viertel von Peking, was der chinesischen Hauptstadt den Namen »Das Startup-Zentrum der Welt« einbrachte. Mehr als achtzig sogenannte Einhörner, junge Unternehmen mit einer Bewertung von mehr als einer Milliarde Dollar, sind in Peking ansässig.

Überhaupt ist China ein gutes Beispiel für die Fähigkeit, sich selbst immer wieder neu zu erfinden. In den Neunzigerjahren galt das Land als Werkbank der Welt: Günstige Löhne und junge, meist gering qualifizierte Arbeitskräfte, die direkt vom Land in die Fabrik gingen. Dort produzierten sie vom Turnschuh bis zum Elektrogerät alles, was zu verkaufen war. Unschlagbar günstig. Doch das Land ist längst im Umbruch: »Von der ‚Werkbank der Welt' hin zu einer Innovationswirtschaft«, wie es die Bundeszentrale für politische Bildung in einer ihrer Publikationen ausdrückt. Im Fünfjahresplan, der im März 2021 verabschiedet wurde, wurde Innovation zum Staatsziel: China möchte im Wettrennen der innovativsten Länder an die Spitze. Reset. Eine Volkswirtschaft erfindet sich immer wieder neu.

Microsoft: Wer den Reset wagt, braucht keine Angst vor Flops zu haben

Beispiel Microsoft: Wachsender Erfolg durch einen ständigen Reset
Microsoft ist ein sehr gutes Beispiel für ein Unternehmen, das immer wieder konsequent den Reset-Knopf gedrückt hat. Was macht das Unternehmen? Im Jahr 2000 hätten Sie geantwortet: »Erfolgreicher Hersteller von Computer-Betriebssystemen und Software«. Im Jahr 2010 hätte die Antwort gelautet: »Das sind die, deren Betriebssystem Windows Vista gefloppt ist und die mit ihrer Suchmaschine Bing bald den nächsten Flop haben werden.« 2015 hätten Sie gesagt: »Das sind die, die gerade erfolglos versucht haben, das Nokia Smartphone mit Microsoft Windows Phone erfolgreich zu machen.« Während der Coronakrise hätten Sie geantwortet: »Das sind die, die ich täglich nutze. Ich kommuniziere über Teams, plane meinen Tag über Outlook, speichere meine Daten auf dem Sharepoint und arbeite mit Word und Excel online.«
Und Ihre IT hätte hinzugefügt: »Unser Unternehmen arbeitet mit der Azure-Cloud, wir nutzen KI Services und vernetzen unsere Produktionsanlagen über das Internet der Dinge. Alles von Microsoft.« Die Flops von Microsoft sind heute nicht mehr als eine Randnotiz wert. Das Unternehmen hat immer wieder den Reset-Knopf gedrückt. Es hat sich kontinuierlich neu erfunden. In einer atemberaubenden Geschwindigkeit. 2010 betrug der Umsatz knapp 62,5 Milliarden US-Dollar, 2021 mehr als 168 Millionen.

Die Eisberge deuten sich schon länger an

Denken Sie kurz zurück an 2010. Wie war das damals? Das Smartphone war gerade auf dem Weg zum Massenmarkt, die Deutsche Telekom schaltete die erste LTE-Station frei und E-Commerce wurde von etablierten Händlern nicht ernst genommen – viele hatten nicht einmal einen eigenen Onlineshop. Damals riefen Zukunftsforscher: »Achtung! Eisberg voraus! Digitalisierung!« Und dann ging es Schlag auf Schlag.

- Am 6. Oktober 2010 geht Instagram online. 2012 kaufte Facebook das Unternehmen für eine Milliarde Dollar.
- Seit September 2014 verändert Netflix – nur wenige Jahre nach dem radikalen Reset – in Deutschland die Art, wie wir Fernsehen schauen.
- Google stellt im März 2016 erstmals einen intelligenten Sprachassistenten vor. Plötzlich ist künstliche Intelligenz keine Science-Fiction mehr, sondern etwas, was wir täglich nutzen.
- 2017 besiegt die Google-Software AlphaGo Ke Jie aus China, den weltbesten Spieler des asiatischen Brettspiels Go.
- 2018 wird ein neuer Rekord im »Schnell-online-reich-werden« aufgestellt: Ryan Kaji verdient sechsundzwanzig Millionen US-Dollar mit YouTube-Videos. Sein Genre: Unboxing. Auspacken von Geschenken vor der Kamera. Das Besondere: Ryan ist zu diesem Zeitpunkt acht Jahre alt.
- Im April 2019 nimmt Südkorea als weltweit erstes Land ein flächendeckendes 5G-Netz in Betrieb.
- 2021 verkündet Facebook, dass es zukünftig »Meta« heißt.

Letzteres darf man sich nicht vorstellen, wie bei einem Teenager, der sagt: »Ich möchte nicht mehr Max heißen, sondern Meta.« Dahinter steckt die wahrscheinlich größte Vision der Unternehmensgeschichte: Mark Zuckerberg hat dem Konzern das Ziel verschrieben, das Metaverse zu erfinden: Eine zweite virtuelle Lebensrealität. Das ist keine wage Vision mehr. Fortnite-Entwickler Epic plant, das Videospiel so auszubauen, dass es sich als Plattform für ein digitales Universum nutzen lässt.
Schlag auf Schlag eben. Allerdings nicht überall.

Achtung! Realitätsschock!

Bevor Sie zu weit in die Zukunft abgleiten und bereits Pläne für das Metaverse schmieden. Kurz ein Ausflug in die Realität. Im gleichen Jahr als Zuckerberg das Metaverse verkündete, habe ich für die erste öffentliche Aktieneigenemission unseres Unternehmens, der Innolytics AG, einen Antrag auf Genehmigung eines Wertpapierinformationsblatts bei der Bundesanstalt für Finanzdienstleistungsaufsicht (BaFin) gestellt. Das ist erstaunlich modern. Dachte ich jedenfalls am Anfang. Denn die BaFin nutzt für diese Art von Anträgen tatsächlich ein Online-Portal, das MVP-Portal.

Der erste Schritt ist der Antrag auf Zulassung zum Fachverfahren, das ist die moderne Form des Antrags auf Erteilung eines Antragsformulars. Dazu füllen Sie ein PDF aus, drucken dieses und senden es per Fax an die Behörde. Tatsächlich: Kurze Zeit später war ich zum Stellen des Antrags zugelassen. Bis dahin dachte ich noch: Okay, ein Ausrutscher. Bis ich den Anruf unseres Sachbearbeiters bekam.

»Herr Dr. Meyer, wir haben ein Problem.«
»Was für eines?«
»Wir können nicht kommunizieren.«
»Wir kommunizieren doch gerade.«
»Nein, ich meine: Wir können Ihnen keine Bescheide zusenden.«
»Warum? Sie haben meine Mail und Postanschrift, zusätzlich hätten wir SMS, WhatsApp, Teams, Slack, Signal und Telegram zur Auswahl. Zur Not können Sie eine Brieftaube schicken.«

Die andere Seite war nicht zum Scherzen aufgelegt. »Wir kommunizieren nur über Fax. Und unter Ihrer Faxnummer antwortet niemand.«

Natürlich nicht. Ich habe das Fax über einen Internet-Anbieter verschickt, in der Kopfzeile die seit drei Jahren abgeschaltete Faxnummer unseres Unternehmens hinterlegt, das konnte nicht funktionieren. Ich wäre im Jahr 2021 niemals auf die Idee gekommen, dass jemand versucht, auf mein Fax mit einem Fax zu antworten. Um die Geschichte abzukürzen. Während Mark Zuckerberg das Metaverse entwickelt, sind wir zum Fax zurückgekehrt. Vorschrift ist Vorschrift. Die BaFin kommuniziert ausschließlich per Fax.

Viel ist darüber berichtet worden, wie sehr Deutschland bei der Digitalisierung zurückliegt. Der Norddeutsche Rundfunk hat diesem Thema sogar eine eigene TV-Dokumentation gewidmet: »Verlustzone – Wie Deutschland den Anschluss verlor«. Es ist, als wenn die Führungscrew eines Ozeanriesen angesichts der auftauchenden Eisberge erst einmal nichts tut. Und sich stattdessen in Ruhe berät.

Ein Arbeitskreis diskutiert die Relevanz plötzlich auftauchender Eisberge. Er empfiehlt, vor einem Kurswechsel zunächst ein technisches Gutachten einzuholen, das klären soll, ob ein Eisberg überhaupt eine ernst zu nehmende Gefahr sei.

Es werden zusätzliche Studien in Auftrag gegeben, die die Chancen und Gefahren eines Kurswechsels gegeneinander abwägen. Sie sorgen für Verwirrung. Während eine Studie für radikalen Kurswechsel plädiert, warnt die andere vor langfristigen Materialermüdungsfolgen durch abrupte Kursänderungen. Die Studie kommt zum Ergebnis, dass diese Materialermüdung so hohe Kosten verursacht, dass dies eine intensive Beratung auf der nächsten Vorstandsklausur erfordert.

Eine Marktforschung unter den Passagieren des Schiffes zeigt, dass das Vertrauen in die Fähigkeiten des Kapitäns vor allem auf einer hohen Zustimmungsrate zum Imagewert »vorausschauendes Denken« beruht. Eine Kursänderung würde das Vertrauen der Passagiere möglicherweise zerstören, was zu negativen Kommentaren auf den einschlägigen Social Media Kanälen führen könnte. Besser also erst mal nichts tun. Weiter machen bis bisher.

2018 trat die damalige Forschungsministerin Anja Karliczek vorsorglich auf die Bremse und verkündete: »5G ist nicht an jeder Milchkanne notwendig.« Ende 2020 – mitten in der Coronakrise – bekämpfte die Mehrzahl aller Gesundheitsämter die Pandemie mit handgeschriebenen Listen und – wie die

BaFin – mit Faxgeräten. Anfang 2022 sollte das E-Rezept für Arzneimittel kommen – es wurde auf unbestimmte Zeit verschoben. Im Zeitalter künstlicher Intelligenz werden nach wie vor Stempel auf rosa Papiere gedrückt und mit unleserlichen Unterschriften versehen. Wenn Sie im Weihnachtsgeschäft 2021 wissen wollten, ob Ihre Lieblingsfiliale eines großen Kaufhauskonzerns einen bestimmten Artikel vorrätig hat, konnten Sie dafür das Kontaktformular auf der Webseite verwenden. Und zur Auszahlung Ihres Baufinanzierungsdarlehen nutzen Sie Anfang 2022 bei einer großen deutschen Bank bitte das PDF zum Download, drucken es aus, unterschreiben es eigenhändig und versenden es an eine Postadresse in Hanau. Es ist fast das gleiche Verfahren, das bereits Pastor von Bodelschwingh in Bielefeld nutzte, der 1885 die erste deutsche Bausparkasse ins Leben rief.

Sehen wir es positiv: Da ist noch Potenzial

In diesem Buch geht es nicht darum, über verpasste Chancen zu lamentieren. Es geht darum, nach vorne zu blicken. Darum, wie Unternehmen und ihre Bereiche durch einen Reset langfristig erfolgreich bleiben – egal wie viele Eisberge kommen, wie schnell diese ihre Positionen verändern und wie sehr sich die Großwetterlage ändert. Es ist zudem ein Buch für Sie als Beschäftigte. Egal in welchem Bereich Sie tätig sind, egal in welcher Branche und auf welcher Hierarchiestufe: Sie haben die Chance, den Wandel der nächsten Jahre aktiv mitzugestalten. Und diesen Wandel für sich als Abenteuer zu gestalten.

Ich werde Ihnen in diesem Buch Denkstrategien an die Hand geben, die Sie dazu befähigen, den Reset zu wagen. Dieser Reset ist wichtiger als jemals zuvor. Denn es ist etwas geschehen, was rückwirkend wie der Beginn einer neuen Epoche wirkt. Etwas, was den Veränderungsprozess unwiderruflich beschleunigt hat.

21. März 2020: Der Wendepunkt

Selten lässt sich der Beginn einer neuen Ära auf den Tag genau bestimmen. Es war der 22. März 2020. Der Tag, der alles änderte. Bis zum 21. März 2020 war digitale Transformation irgendwie wichtig. Aber nicht überlebenswichtig. Das änderte sich schlagartig. Wer noch Akten durch Bürogebäude schob, konnte am ersten Lockdown-Tag nicht mehr arbeiten. Rien ne va plus. Nichts ging mehr. Außer man improvisierte. Die Geschäftsführerin eines Stadtwerks im Berliner Speckgürtel stand allein im Unternehmen, als alle anderen zu Hause blieben. Sie leerte den Briefkasten, scannte die Post und verteilte sie per E-Mail an ihre Beschäftigten, die plötzlich nicht mehr vor Ort waren.

Über Nacht war das System dem ausgesetzt, was Regulierungsbehörden bei Banken einen »Stresstest« nennen. Digitale Transformation im Hochdruckkessel. Für die öffentliche Verwaltung endete dieser Stresstest teilweise in einem Super-GAU: Viele Führungskräfte von Gesundheitsämtern setzten sich erstmals mit der Frage auseinander, ob es bessere Möglichkeiten der Kommunikation gibt als ein Fax. Vernetzung? Schnelle Datenübermittlung? Bis dahin ein eher theoretischer Anwendungsfall.

Dort, wo es bereits Lösungen gab, wurden sie plötzlich intensiv genutzt. Wie eine Seitenstraße, die plötzlich alle nehmen, weil die Hauptstraße gesperrt ist. Mit erwartbaren Staus: LernSax, die sächsische Plattform für digitales Lernen, die vorher einen eher homöopathischen Beitrag zum Unterricht leistete, brach zusammen, als Zehntausende Schülerinnen und Schüler gleichzeitig auf sie zugriffen. Aber wenigstens ging irgendetwas.

Andere arbeiteten weiter, als sei nichts geschehen. Digitales Arbeiten? Kollaboration? Fast wie im Büro. Nur eben von zu Hause aus. Es waren Beschäftigte von den Unternehmen, die in den Jahren zuvor in digitale Arbeits- und Kommunikationstechnologien investiert hatten. Und deren Investitionen sich von einem Tag auf den anderen auszahlten. Auch wenn der Wandel zuvor häufig mühsam war: »Das brauchen wir doch nicht. Das geht doch auch anders.« Digitalisierung galt vor dem 21. März 2020 in vielen Unternehmen als etwas, was wichtig war, aber durchaus verschoben werden konnte. Transformation im Schneckentempo.

Corona hat der digitalen Transformation einen Schub gegeben

Ein Cartoon von businessillustrator.com, der Mitte 2020 erschien, bringt die Situation auf den Punkt. Die Frage lautet: Wer hat die digitale Transformation in Ihrem Unternehmen vorangetrieben? Dann haben Leser drei Antwortenoptionen: a) der CEO, b) der CTO, c) COVID-19. Die Antwort: das Virus.

Stellen Sie sich vor, Sie hätten Anfang 2020 in Ihrem Unternehmen oder Ihrer Organisation vorgeschlagen, alle Beschäftigten für einen Monat ins Homeoffice zu schicken. Sie wären selbst noch eine Woche vor dem ersten Lockdown mit diesem Ansinnen gescheitert.

Der Datenschutz hätte die Hände über dem Kopf zusammengeschlagen und auf Bedenken zum Einsatz von Videokonferenztools amerikanischer Anbieter (Zoom, GoToMeeting et cetera) hingewiesen. (Sie hätten übrigens recht bekommen: Einige Monate später, im Sommer 2020, kippte der Europäische Gerichtshof das sogenannte Privacy Shield-Abkommen zwischen Deutschland und den USA.) Ihre IT-Sicherheit hätte auf das möglicherweise schlecht gesicherte WLAN bei Beschäftigten im Homeoffice hingewiesen. Und der Arbeitsschutz hätte darauf verwiesen, dass eine faktische Tätigkeit von zu Hause aus eine Gefährdungsbeurteilung nach §5 Arbeitsschutzgesetz voraussetzt. Es hätte einen Aufstand von Führungskräften gegeben, die ihre Untergebenen persönlich sehen wollen. Und wahrscheinlich hätte sich auch ein großer Teil der Belegschaft gegen dieses Experiment gesperrt.

Durch die Pandemie trat das ein, was die Trendforscher von Gartner ohnehin für den Anfang des neuen Jahrzehnts vorhergesagt hatten: die Demokratisierung von Technologie. Ehemals innovative digitale Technologien kommen im Alltag einer breiten Schicht von Beschäftigten an. Digitalisierung hat sich von einem Zukunftstrend zur Notwendigkeit entwickelt. Mehr noch: Digitalisierung ist in allen Geschäftsbereichen und an jedem Arbeitsplatz angekommen.

Dass es am Ende mit der Demokratisierung digitaler Technologien noch viel schneller als erwartet ging, konnte selbst Gartner nicht vorhersagen. Und dass damit eine Entwicklung in wenigen Monaten stattfand, die sonst möglicherweise einige Jahre gedauert hätte, auch nicht. Die Frage ist: Was machen Unternehmen aus der Chance, die sich jetzt ergibt? Wie gehen sie mit der Situation um, dass Beschäftigte neue digitale Kompetenzen erworben und neue Angewohnheiten trainiert haben? Wie gehen Sie mit den Schwächen um, die so offensichtlich geworden sind? Die Antworten auf diese Fragen werden das Jahrzehnt des Turbowandels bis 2030 prägen.

Der Kampf gegen den Klimawandel eröffnet neue Chancen und neue Märkte

Der Klimawandel verursacht für die einen nur lästige Kosten, für die anderen ist es das größte Konjunkturprogramm seit Ende des Zweiten Weltkriegs. Mitte 2021 kündigte Chinas Staats- und Parteichef Xi Jinping in der UN-Generaldebatte an, keine Kohlekraftwerke mehr im Ausland bauen zu wollen. Nicht ganz überraschend, denn die Nachfrage nach Kohlekraftwerken geht international seit Jahren zurück. Investoren steigen aus, weil die Risiken steigen: Erneuerbare Energien werden günstiger, zugleich legen immer mehr Länder – darunter die neue Bundesregierung, die im Dezember 2021 ins Amt kam – schärfere Klimaziele fest.

Dafür ist unter anderem auch die Europäische Union verantwortlich. Durch die sogenannte EU-Taxonomie sollen Anleger in die Lage versetzt werden, ihre Investitionen auf nachhaltige Unternehmen und Technologien umzustellen. 2022 kommt die EU-Taxonomie erstmals in das Bewusstsein der breiten Öffentlichkeit, als die Diskussion darüber entflammt, ob Atomkraft und Erdgas als »grüne« Energien gelten können.

Der Weg in eine klimaneutrale Wirtschaft wird den gleichen Effekt haben, den ich in meinem Buch »Digitale Disruption« in Bezug auf die Digitalisierung beschrieben habe: Bestehende Lieferketten, Geschäftsmodelle, Kundenbedürfnisse und Angebote werden radikal neu erfunden. Der Übergang von einer Wirtschaft, die auf dem Verbrauch fossiler Energien beruht, hin zu einer klimaneutralen wird einer der größten Innovationstreiber der kommenden Jahre sein.

Bei diesem Innovationsprogramm geht es einerseits darum, bahnbrechende neue Technologien zu erfinden. So hat die Europäische Union Ende 2021 ihre Vision für Carbon Dioxide Removal (CDR) veröffentlicht: Maschinen sollen CO_2 aus der Luft entnehmen und diese in Speicheranlagen im Untergrund einlagern. Bis 2030 sollen die Verfolgung von Emissionsströme und die Überprüfung des Kohlenstoffabbaus etabliert sein. Darüber hinaus soll ein länderübergreifendes und frei zugängliches CO_2-Transport- und -Speichernetz entwickelt werden. Vorbild ist das Schweizer Unternehmen Climeworks, das im September 2021 in Island eine Anlage mit dem Namen »Orca« eröffnete. Auch Dinge, die in der Vergangenheit unmöglich erschienen, werden in den kommenden Jahren im Namen des Klimaschutzes möglich werden: So zum Beispiel klimaneutral produzierter Stahl, künstliches Fleisch aus dem Labor, Lieferdrohnen und fliegende Autos. Flugtaxis werden 2030 so normal sein wie heute eine Fahrt mit Uber.

Es geht andererseits darum, Technologien wertstiftend anzuwenden. Digitalwährungen wie der Bitcoin gelten als Dreckschleudern und Treiber des Klimawandels. Doch welche Rolle können digitale Währungen dabei spielen, den Klimawandel zu stoppen? In der Neuentwicklung energiesparender Algorithmen liegt genauso viel Geschäftspotenzial wie in der Entwicklung digitaler Technologien, die Unternehmen dabei helfen, die Anforderungen des Lieferkettengesetzes zu erfüllen.

Die Umbrüche betreffen nicht nur große Konzerne, sie werden sich selbst beim Einsatz von Handwerkern und bei der Verwendung von Baumaterialien bei der Renovierung Ihrer Wohnung bemerkbar machen. Steigende Energiekosten werden einen Innovations- und Wachstumsboom im Bereich des grünen Bauens, einer klimafreundlichen Mobilität und einer nachhaltigen Produktion auslösen.

Demografie und Fachkräftemangel als Innovationstreiber

Und noch ein dritter Trend kommt hinzu: die Demografie. Dass wir älter werden, dass Unternehmen unter dem Fachkräftemangel leiden, dass immer weniger junge Menschen immer mehr ältere versorgen, das ist seit Jahren bekannt. Doch jetzt – im dritten Jahrzehnt des einundzwanzigsten Jahrhunderts – wird das, worüber viele seit Jahren reden, spürbar. »Der Fachkräftemangel dürfte in den kommenden Jahren immer größere Teile der Wirtschaft erfassen und sich als echtes Wachstumshemmnis erweisen«, heißt es in einem Bericht des Handelsblatt Research Institute 2022.

Wie auch bei der Digitalisierung ist es beim Thema Fachkräftemangel so, dass die Auswirkungen zu einem Zeitpunkt kommen, an dem den Begriff schon fast niemand mehr hören kann. Seit Jahren prognostizieren Zukunftsforscher diese Entwicklung. Das statistische Bundesamt prognostiziert, dass bis 2035 zwischen vier und sechs Millionen weniger Arbeitskräfte zur Verfügung stehen – trotz hoher Zuwanderung und steigender Geburtenzahlen. Die Zahl der Menschen über siebenundsechzig wird bis 2035 um über zwanzig Prozent steigen.

Mathematik ist ehrlich. Auf dem Arbeitsmarkt wird es künftig noch knapper werden. Wenn rein rechnerisch weniger Menschen da sind, die die Arbeit erledigen und zugleich mehr Menschen dazukommen, die die Früchte ihrer Arbeit genießen möchten, hat das einfach zu berechnende Auswirkungen. Das ist so, als wenn Sie zehntausend Euro auf Ihrem Konto haben, jeden Monat tausend Euro verdienen, aber tausendzweihundert Euro ausgeben. Dann können Sie ziemlich genau vorherberechnen: In etwas mehr als vier Jahren ist das Geld auf Ihrem Konto ausgegeben.

Kurzfristig lassen sich Personalengpässe mit den bekannten Mitteln der Personalakquise begegnen: Aufrüstung im Personalbudget, höhere Investitionen in die Suche nach qualifizierten Beschäftigten. Das geht so lange gut wie Ihre Kunden und Kundinnen bereit sind, die Mehrkosten zu tragen. Mittelfristig werden neue Arbeitsmodelle in Unternehmen zu Normalität werden:

- Hybrides Arbeiten (mal von zu Hause aus, mal im Büro),
- eine Zehn-, Zwanzig- oder Dreißigstundenwoche,
- Altersteilzeit,
- Arbeitskonten,
- Jobpooling (mehrere Unternehmen teilen sich Beschäftigte)
  et cetera

Langfristig wird sich das etablieren, was Gartner als Hyperautomation beschreibt – einen der wichtigsten Trends für die Jahre nach 2022: einen »disziplinierten, unternehmensgesteuerten Ansatz, um so viele Geschäfts- und IT-Prozesse wie möglich schnell zu identifizieren, zu überprüfen und zu automatisieren.« Anders gesagt: bestimmte Tätigkeiten werden nicht durch neues Personal ersetzt, sondern automatisiert.

Von der zum Teil radikal veränderten Arbeitswelt können Unternehmen auch profitieren. Denn wenn sich neue Arbeitszeitmodelle einmal in Unternehmen etabliert haben, steht ihnen plötzlich ein weltweiter Talentpool zur Verfügung.

Sie finden bei sich vor Ort keine Person, die die Qualifikation besitzt, Lieferantenaudits nach dem Lieferkettengesetz durchzuführen? Kein Wunder, das ist keine Qualifikation, die alltäglich ist. Entsprechend schwer ist es, die beste Person mit genau diesem Anforderungsprofil bei Ihnen am Unternehmenssitz zu finden. Das ist aber auch nicht notwendig. Spätestens durch die Erfahrungen aus der Coronakrise ist deutlich geworden: Nicht für alles braucht man eine eigene Abteilung mit einem eigenen Flur, eigenen Türschildern und einer eigenen Infrastruktur. Die Kontrolle von fünfhundert Lieferanten lässt sich bequem aus dem Homeoffice erledigen. Ob ein digitaler Remoteaudit aus der Firmenzentrale, von einer Hallig in der Nordsee, einer Berghütte aus Österreich oder vom Strandbungalow der Malediven aus durchgeführt wird, ist zweitrangig. Das Wichtigste ist, dass das Ergebnis stimmt. Diese Philosophie setzt sich mehr und mehr durch. Das wiederum bedeutet auch eine neue Erfindung von Managementstilen. Über kurz oder lang wird der Fachkräftemangel in vielen Branchen zu einer radikalen Neuausrichtung der eigenen Angebote, der Geschäftsmodelle und der Wertschöpfung führen.

Disruption³ – Wie sich die Zukunftstrends gegenseitig verstärken

Keiner der drei Trends, die ich gerade beschrieben habe, steht für sich allein. Im Gegenteil: Es ist die Mischung aus diesen drei Trends, die den Wandel massiv beschleunigt. Nachhaltigkeit, Demografie und Digitalisierung werden sich in den kommenden Jahren zu einem Trend verdichten, den man als dreifache Disruption bezeichnen kann. Sie verlaufen nicht parallel, sondern beschleunigen und verstärken sich gegenseitig.

Trends fließen zusammen

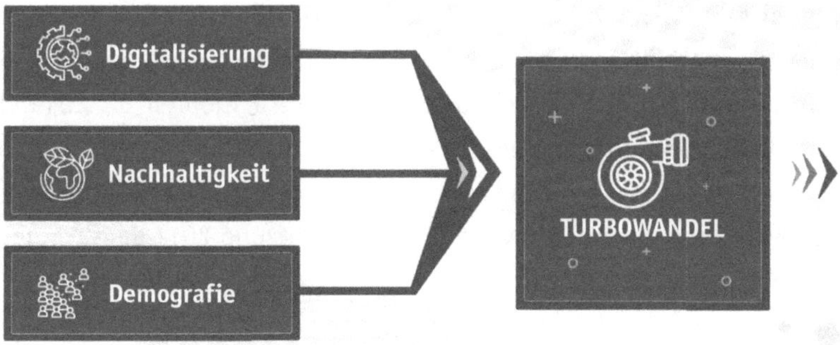

Ein Beispiel: Noch 2015 gab es einflussreiche Stimmen, die davon ausgingen, dass künstliche Intelligenz Heerscharen von Beschäftigten arbeitslos machen wird. Der Algorithmus als neuer Mitbewerber um den begehrten Arbeitsplatz. Prognostiziert wurden arbeitslose Lkw-Fahrer, deren Arbeitsplatz durch autonome Fahrzeuge wegrationalisiert wurde. Die Realität, die die Briten nach dem Brexit erlebten, sah hingegen anders aus: Leere Regale, weil niemand mehr da war, der die Lkw fahren konnte.

Getrieben durch den demografischen Wandel wird die Digitalisierung in großen Teilen der Wirtschaft einen drastischen Produktivitätszuwachs auslösen. In der Studie »Produktivitätsstrategien im Wandel« (2019) prognostiziert das Institut für angewandte Arbeitswissenschaft e.V. einen Produktivitätszuwachs von siebenunddreißig Prozent. Innovationen dienen allerdings nicht mehr nur dazu, Gewinne zu maximieren. Vielfach geht es darum, die Grundfunktionen des Systems überhaupt noch aufrecht zu erhalten.

Die Technologien sind da – jetzt sind Unternehmen gefragt, sich zu verändern

Dass Unternehmen ihr Potenzial bei der digitalen Transformation aktuell bei weitem nicht ausschöpfen, zeigen Zahlen der Organisation für wirtschaftliche Zusammenarbeit und Entwicklung (OECD): Der bisherige Produktivitätszuwachs, so die OECD, durch die digitale Transformation ist bis 2019 eher enttäuschend gewesen. Trotz des Einsatzes künstlicher Intelligenz, trotz des mobilen Internets und trotz der weltweiten Vernetzung von Maschinen (Industrie 4.0) stieg die Produktivität zwischen 2008 und 2017 deutlich geringer als in den zehn Jahren zuvor.

Im Economic Outlook 2019 nannte die OECD dafür Gründe: die Technologien seien vorhanden, aber es fehle an

- Organisations- und Managementfähigkeiten,
- Innovations- und Finanzierungskapazitäten sowie
- politischen Maßnahmen.

Anders ausgedrückt: digitale Technologien sind da, jetzt braucht es Menschen und Organisationen, die daraus Neues entwickeln. In den nächsten Jahren wird das passieren. Denn durch den Fachkräftemangel werden Unternehmen praktisch zur Produktionssteigerung gezwungen. Die Alternative ist nur die Einstellung des Geschäftsbetriebs. So bedingen sich Demografie und Digitalisierung gegenseitig.

Zur Mischung aus Digitalisierung und Demografie kommt Nachhaltigkeit dazu. Grundsätzliche Fragen tauchen auf, beispielsweise in der Logistik.

- Ist es sinnvoll, so viele Lieferwagen durch die Städte zu schicken?
- Geht Logistik nicht klimafreundlicher?
- Müssen wir Logistik ganz neu erfinden?

In diesem Buch werden Sie unter anderem die Strategie des chinesischen Unternehmens JD.com kennenlernen. Der dreifachen Disruption, getrieben durch Digitalisierung, Demografiewandel und Nachhaltigkeit, begegnet das Unternehmen durch einen dreifachen Reset. Lieferketten, Logistik und Vertrieb wurden gleichermaßen neu erfunden.

Der Wandel wird künftig noch schneller geschehen, als es viele noch im Jahr 2020 angenommen haben: Politisch gesetzte Ziele geben neue Rahmenbedingungen vor. Digitalisierung ist in der Breite der Belegschaft von Unternehmen und auch bei Kunden angekommen. Und für das künftige Wachstum stehen vielfach keine neuen Fachkräfte bereit. Unternehmen und Organisationen werden praktisch zur Innovation gezwungen.

Wie lässt sich das managen? Durch einen Reset. Beziehungsweise wie bei JD.com durch mehrere Resets parallel. Teams und Unternehmen, die die Fähigkeit besitzen, Unternehmen, Strukturen, Angebote und Kundenbeziehungen neu zu denken, werden zum Gewinner des Turbowandels gehören.

Lernen Sie die Prinzipien des Reset kennen!

In diesem Buch werde ich die Prinzipien des Reset beschreiben. Diese Prinzipien habe ich mir nicht ausgedacht. Sie sind das Ergebnis einer sechsjährigen Forschungsarbeit zur Steigerung der Innovationsfähigkeit von Unternehmen, die Grundlage meiner Promotion. Einige dieser Prinzipien habe ich bereits in ihren Anfängen in früheren Publikationen beschrieben, beispielsweise in meinem Buch »Kreativ trotz Krawatte«, das 2010 erschien und bis 2016 aufgrund des großen Erfolgs in insgesamt drei Editionen immer wieder neu aufgelegt wurde. In diesem Buch hatte ich unter anderem untersucht, wie die weltweit innovativsten Unternehmen es schaffen, sich immer wieder neu zu erfinden. Dieses Buch war – wie auch dieses – voller Beispiele. 2018 – acht Jahre nach dem Erscheinen – war die Nachfrage ungebrochen. Der Verlag und ich standen vor der Frage, ob wir das Buch ein viertes Mal auflegen. Wir haben Nein gesagt. Wir haben uns stattdessen entschlossen, den Geist der dritten Auflage weiterzuführen, aber in einem ganz neuen Kontext. Entsprechend finden Sie in diesem Buch einige wichtige Ansätze aus der damaligen Publikation, beispielsweise wenn es um gedankliche Scheren im Kopf geht, die uns daran hindern, Dinge wirklich fundamental neu zu denken. Es sind die grundlegenden Aspekte, die Innovation und Veränderung zugrunde liegen.

Um dieses Buch zu schreiben, habe ich in den letzten Jahren mit Hunderten von Führungskräften darüber gesprochen, wie sie den Turbowandel managen. Ich habe Projekte scheitern sehen und andere erlebt, die mühelos zum Erfolg gebracht wurden. Und ich bin selbst dabei, mit der Innolytics AG ein Unternehmen aufzubauen, das die Bündelung der von mir beschriebenen drei Trends für das eigene Wachstum nutzt. Wir entwickeln und vermarkten eine All-in-one-Software, mit der Unternehmen und Organisationen ihre Managementsysteme digitalisieren und automatisieren können.

Beispiel Innolytics AG: Digitale Managementsysteme
Wenn es darum geht, Anforderungen des Qualitätsmanagements, der Informationssicherheit, Arbeitssicherheit oder gesetzliche Vorgaben wie das Lieferkettengesetz umzusetzen, arbeiten Unternehmen zum Teil noch wie zur Jahrhundertwende: Auditorinnen und Auditoren überprüfen beispielsweise, ob Normanforderungen in Unternehmen eingehalten werden. Dabei füllen sie Checklisten auf Papier aus. Manchmal nutzen sie sogar schon Excel, das ist eine kleine Revolution. 2020 führte der TÜV erstmals einen Remote Audit ein. Die »Revolution«: Das Auditteam kam nicht persönlich vorbei, sondern nutzte Videokonferenztools. Das geschah aber nicht ganz freiwillig, sondern weil es bedingt durch den Lockdown nicht anders ging. Die Innolytics AG hat dieser beinahe steinzeitlichen Bürokratie den Kampf angesagt.

Die Frage, ob ein Unternehmen beispielsweise die Anforderungen von ISO 9001, der weltweit führenden Qualitätsmanagementnorm, einhält oder nicht, war früher ein wochenlanges Projekt. Unser Ansatz: Sie füllen einen Fragebogen aus, anschließend liefert unsere Software das Ergebnis in weniger als einer Sekunde.

Anhand meiner wissenschaftlichen Forschung und zahlreicher Beispiele werde ich aufzeigen, wie Unternehmen und Organisationen durch einen regelmäßigen Reset der Verbesserungsfalle entkommen, in der Dinge zwar stets optimiert, aber selten neu erfunden werden.

Ich werde zeigen, wie Sie Projekte nicht nur initiieren, sondern in all ihrer Komplexität – der Entwicklung neuer Technologien, der Beachtung von Regulatorik, den Barrieren bei der Einführung und Umsetzung – erfolgreich umsetzen können. Ich zeige Ihnen, wie Sie die Wucht der Veränderung, getrieben durch die Bündelung mehrerer Trends, erfolgreich bewältigen können.

Teil 1 – Warum ein Reset? Und warum jetzt?

Der Turbowandel wird durch die Bündelung von drei Trends getrieben, die ich in der Einleitung beschrieben habe. Das führt dazu, dass Unternehmen einen Konflikt lösen müssen, der in der Vergangenheit häufig als unlösbar erschien:

- Sie müssen mit weniger Beschäftigten (Demografie)
- bei steigendenden regulatorischen Anforderungen (Nachhaltigkeit)
- mehr erwirtschaften.

Und genau an dieser Stelle kommt die Digitalisierung ins Spiel. In den nächsten Jahren werden wir einen drastischen Produktivitätszuwachs quer durch alle Branchen und Tätigkeitsfelder erleben.

Bevor ich Ihnen erläutere, wie Sie ein Reset in den unterschiedlichen Bereichen von Unternehmen (Strategie, Organisation, Führung, Teams, Sie selbst) fit für die Herausforderungen der Zukunft macht, möchte ich Ihnen die praktischen Auswirkungen der unterschiedlichen Trends, die sich jetzt verdichten, im Einzelnen vorstellen. Dieses Kapitel soll Sie dabei unterstützen, die Notwendigkeit für einen Reset zu erkennen. Und es soll die Frage beantworten: Warum gerade jetzt? Ich werde Ihnen die drei Trends, die die nächsten Jahre prägen, detailliert vorstellen.

1.1 Digitalisierung: Die Wildwest-Zeiten sind vorbei

A long time ago, came a man on a track
Walking thirty miles with a sack on his back
And he put down his load where he thought it was the best
Made a home in the wilderness

So beginnt der Song »Telegraph Road« von den Dire Straits. Und das ist nach wie vor der Mythos der Tech-Giganten: Echte Kerle (das ist nicht frauenfeindlich, dummerweise ist das Silicon Valley aktuell noch männerdominiert), die in Wildwest-Manier mit ihren eigenen Händen die neue Welt der Digitalisierung errichten.

In den ersten Jahren ging es in der Welt der Tech-Giganten und Start-ups zu wie im Wilden Westen: Die Lautesten und Aggressivsten setzten sich durch. Amazon, Google und Facebook haben quasi Monopole geschaffen und führten sich auf wie eine Mischung aus Billy the Kid und John D. Rockefeller.

Besonders perfide geht dabei Amazon vor: Auf dem Onlinemarktplatz dürfen Händler ihre Waren anbieten. Aber nur so lange bis Amazon merkt, dass sich damit richtig Geld verdienen lässt. Dann – so zumindest der dauerhaft schwelende Verdacht – werden sie gerne auch mal aus dem Geschäft gedrängt. Eindrucksvoll zu sehen in der ARD-Reportage »Das System Amazon«. Meta (ehemals Facebook) hat sich gleich alles einverleibt, was einmal Konkurrenz werden könnte. Mega! Willkommen im Wildwest-Kapitalismus.

Google (beziehungsweise seit 2015 Alphabet) ist mittlerweile in so vielen Geschäftsbereichen aktiv, dass man sie kaum noch aufzählen kann: Vom Anzeigengeschäft über Shopping, Services für künstliche Intelligenz und Cloud-Angeboten bis hin zur Tochterfirma Waymo mit selbstfahrenden Autos. Dass diese gänzlich »unabhängig« voneinander agieren, mag man glauben oder – ein Schelm, wer Böses dabei denkt – eben auch nicht.

Then came the churches, then came the schools
Then came the lawyers, then came the rules

Man kann es nicht schöner formulieren als die Dire Straits. Phase zwei beginnt. Die Regeln des Wilden Westens weichen.

»Ich heiße Frances Haugen. Ich habe bei Facebook gearbeitet, weil ich anfangs dachte, das Unternehmen bringt das Beste in uns hervor. Heute sitze ich vor Ihnen, weil ich überzeugt bin, dass Facebook gefährlich ist für unsere Kinder. Es sät Zwietracht und schwächt unsere Demokratie.«

Die Whistleblowerin brachte vor dem US-Kongress 2021 schweres Kaliber in Stellung. Sie sprach von einem ständigen Interessenskonflikt zwischen öffentlicher Sicherheit und den eigenen Profiten bei Facebook – das Unternehmen löse diesen Konflikt zu Gunsten der eigenen Profite. Das zeigt sehr deutlich: die Wildwest-Zeit ist vorbei. Die unumwundene Bewunderung für Amazon, Google, Facebook und Co. ebenfalls. Digitalisierung wird mehr und mehr zur Normalität. Und genau das bietet neue Chancen.

Neue Ära, neue Chancen

Die Technologie-Giganten profitierten lange von der Schläfrigkeit ihrer Wettbewerber. Während der Einzelhandel noch darüber debattierte, ob das Internet überhaupt ernst zu nehmen sei, konnte sich Amazon Schritt für Schritt ausbreiten und neue Märkte erobern. Kunden kaufen, weil es bequem ist. Doch die Technologien, auf deren Grundlage Amazon arbeitet, stehen dem Unternehmen heute nicht mehr exklusiv zur Verfügung. In den kommenden Jahren wird beispielsweise die Nutzung künstlicher Intelligenz (auf der zum Beispiel Empfehlungssysteme häufig basieren) auf Knopfdruck vielen Unternehmen zur Verfügung stehen, die heute nicht zu den digitalen Gewinnern zählen.

Für etablierte Unternehmen gilt es jetzt, diese Chance zu nutzen. Die Zeit ist reif dafür. Auf Konferenzen und Tagungen zum Thema Digitalisierung hat sich der Fokus verändert. Es geht weniger darum, OB Digitalisierung wichtig ist, sondern WIE Unternehmen die Chancen ergreifen und profitieren können. Auf digitale Disruption gibt es kein Monopol mehr.

Übrigens: Die Telegraph Road, die die Dire Straits beschreiben, gibt es wirklich. Die heutige Route 24 liegt in Detroit. Nach den Wildwest-Zeiten, der Ankunft der Anwälte und der Einführung von Regeln wurde aus dem einstigen Fort Pontchartrain du Détroit eine Industriestadt und schließlich die Motor City Detroit. Sechsspurige Straßen, florierende Fabriken. Doch, auch das haben die Dire Straits eindrucksvoll beschrieben: Kein wirtschaftlicher Erfolg ist von Dauer.

From all of these signs saying »sorry but we're closed«
All the way down the Telegraph Road

Der technologische Wandel und die Digitalisierung haben gerade erst begonnen

In den kommenden Jahren werden sich das Tempo der Digitalisierung und das Ausmaß der Veränderungen noch einmal beschleunigen. Für Unternehmen bedeutet das: Sie müssen sich selbst radikal verändern. Nicht nur Digitalisierungskosmetik, sondern echter Wandel.

Wenn man eine Lehre aus dem letzten Jahrzehnt ziehen kann, dann diese: Betrachtet man die Geschichte vorwärts – also blickt von heute in die Zukunft –, lassen sich tausend Gründe dafür finden, warum jetzt gerade nicht der richtige Zeitpunkt fürs Handeln ist: Der Markt in China bricht gerade ein, die Verhandlungen mit den Gewerkschaften stehen dieses Jahr an, in der Geschäftsführung gibt es Veränderungen, die Effizienz bestehender Prozesse muss verbessert werden und so weiter. Betrachtet man die Geschichte rückwärts, also von heute rückblickend auf das vergangene Jahrzehnt, fragt man sich: »Warum haben die eigentlich nicht alles getan, obwohl das Ausmaß der Veränderungen doch bereits angekündigt war?« Schaut man vorwärts – also in Richtung Zukunft –, gibt es jeden Tag gute Gründe, nicht zu handeln. Rückwärts gesehen sind es schwere Versäumnisse.

Klassische Denkfalle: Es dauert länger als erwartet – dann können wir ja abwarten

Wann fahren wir autonom? Bereits morgen? Oder doch erst in zehn Jahren? Wann stirbt das Bargeld aus? Wie lange wird es den Einzelhandel noch geben? Und wann müssen wir endlich keine unsinnigen Papierbelege mehr sammeln und in Aktenordnen zum Steuerberater schleppen? Wer die aktuellen Fragen der Digitalisierung verfolgt, stellt eines fest: Die gleichen Fragen wurden bereits vor fünf Jahren diskutiert. Und vor zehn Jahren. Und immer wieder war es die gleiche Botschaft: Die Technologie ist da, in Kürze wird sich alles radikal verändern!

2019 pfiff der damalige Volkswagen Vorstand Thomas Sedran zurück: Die Einführung von selbstfahrenden Robotertaxi werde viel länger dauern als erwartet. In einem Interview mit dem »manager magazin« sagte er einen interessanten Satz: »Da haben einige Visionäre insbesondere im Silicon Valley euphorisch entdeckt, wie schnell fünfundneunzig Prozent dieser Technik beherrschbar sind.« Doch die restlichen fünf Prozent sind deutlich schwieriger zu bewältigen. Warum dauert der Umbruch so lange? Hatten Zukunftsforscher nicht schon 2010 prognostiziert, dass Digitalisierung viel schneller voranschreiten wird als beispielsweise die industrielle Revolution? Stimmt. Und genau das ist das Problem.

Die Digitalisierung verändert uns viel radikaler, als es die Industrialisierung tat

In Zeiten der Industrialisierung veränderte sich die Gesellschaft radikal. Jedoch vor allem in der Hinsicht, dass Menschen in die Städte gingen und von Bauern zu Arbeitern wurden. Verbunden mit allen Spätfolgen wie dem Kampf der Arbeiterklasse und dem Bild des bösen Kapitalisten als Ausbeuter.

Doch das ist nicht mit den tiefgreifenden Auswirkungen zu vergleichen, die die Digitalisierung mit sich bringt. Während der Industrialisierung taten die Menschen vorher und nachher im Wesentlichen das Gleiche: Sie vermarkteten ihre Arbeitskraft. Vorher, indem sie ein Feld pflügten, nachher, indem sie in der Fabrik arbeiteten.

Die Digitalisierung jedoch erfordert ein echtes Umdenken! Mehr noch, ein echtes Umlernen. Und auch das reicht nicht einmal. Umlernen würde bedeuten, dass Mitarbeiter und Mitarbeiterinnen auf eine Weiterbildung gehen und nach einer einwöchigen Schulung plötzlich Digitalisierungsexperten oder -expertinnen sind. Nein, der Wandel ist noch tiefgreifender: Es erfordert ein vollkommen neues Denken, das der »alten« Generation häufig nicht gelingt.

Die Art, wie wir über Wirtschaft denken, wie Unternehmen organisiert und geführt werden, wie Angebote vermarktet und Kundenbeziehungen gestaltet werden – all das ändert sich gerade so radikal, dass es in vielen Unternehmen erst einen Generationswechsel an der Spitze braucht, damit diese in der Lage sind, sich zu wandeln.

Deshalb werden Sie wahrscheinlich noch lange einen Taxibeleg aus einem Thermodrucker ausgedruckt bekommen, diesen auf einen Fotokopierer legen (weil er sonst binnen weniger Tage nicht mehr zu lesen ist), das vergilbte Original an die Kopie heften und beides einscannen, um es dann an das Finanzamt zu senden.

Deshalb werden Sie auch in Zukunft noch auf Unternehmen treffen, bei denen Sie das Gefühl haben, Sie seien schlagartig in die Neunzigerjahre zurückversetzt worden.

Und deshalb werden Unternehmen noch lange Arbeiten manuell erledigen, obwohl der Mensch dafür die ungefähr einhundertfache Zeit braucht, die eine künstliche Intelligenz benötigen würden.

Die Digitalisierung verläuft ein bisschen wie die deutsch-deutsche Wende. Die Mauer (als technisches Symbol der deutschen Teilung) war innerhalb kürzester Zeit eingerissen. Die Grenzanlagen abzubauen war das geringste Problem. Die Mauer in den Köpfen hält zum Teil heute noch an.

So einfach Digitalisierung technologisch auch umzusetzen ist: Die Revolution, die wir seit einigen Jahren erleben, ist so tiefgreifend, dass sich Erneuerer und Bewahrer einen heftigen Kampf liefern.

Deswegen hatte der damalige VW-Vorstand Thomas Sedran recht, als er sinngemäß sagte: Erwartungen bremsen, so schnell wird alles nicht kommen. Doch später als viele dachten, bedeutet nicht, dass die Auswirkungen sanft werden. Die Folgen für Geschäftsmodelle werden noch viel radikaler sein, als wir es uns heute vorstellen können.

Aus digitalen Pionieren können schnell digitale Dinosaurier werden

Kennen Sie noch Compuserve, Lycos oder AOL? Erinnern Sie sich noch an den World Wide Web Wanderer, ALIWEB oder Altavista? Myspace oder StudiVZ? Ascaron, Digital Equipment Corporation, den Palm Pilot oder Commodore International? Alle diese Unternehmen beziehungsweise Projekte wurden einst als digitale Pioniere gefeiert. Sie hatten eine marktbeherrschende Stellung oder waren auf dem besten Weg dazu. Und heute? Sang und klanglos verschwunden. Es gibt sie nicht mehr – und wenn sind sie nur noch ein Schatten ihrer selbst.

Sie sind an dem gestorben, was man häufig dem deutschen Mittelstand vorwirft: zu wenig digitale Innovationen.

- Stellen Sie sich vor, Microsoft hätte sich auf dem Erfolg des PC und seiner Office-Produkte ausgeruht.
- Google hätte seine Suchmaschine nicht weiterentwickelt.
- Und Amazon wäre heute immer noch ein Buchgeschäft im Internet.

Was wäre passiert? All diese Unternehmen wären heute Geschichte. Wir hätten sie in die Kategorie »Digitalpioniere« gesteckt und darüber gesprochen, warum diese Unternehmen gescheitert sind. Falls wir uns überhaupt noch die Mühe gemacht hätten, über sie zu sprechen.

Digitalisierung hört nicht auf. Niemals. Ein Jahr ohne Innovationen ist ein verlorenes Jahr. Es ist ein Jahr, das unnötigerweise dem Wettbewerb überlassen wird. Genau das aber ist für Menschen, die Innovationszyklen klassischer Industrien gewohnt sind, nicht leicht zu verstehen. Wir denken, wir hätten die digitale Transformation abgeschlossen, weil wir Prozesse digitalisiert und zum Teil automatisiert haben. Wir haben eine App entwickelt, mit der sich Kunden und Kundinnen registrieren und Produkte online kaufen können. Und wir sind stolz darauf, dass wir erste Anwendungsfälle von künstlicher Intelligenz im Unternehmen gefunden haben. Doch wir sind nicht fertig.

Kein Erfolg ist von Dauer

Der Zyklus, neue digitale Lösungen zu entwickeln, sie einzuführen, zu hinterfragen und zu erneuern, beschleunigt sich. Weltweit arbeiten in dieser Sekunde – während Sie diese Zeilen lesen – Millionen von Entwicklerinnen und Entwicklern daran, bestehende digitale Lösungen durch bessere zu ersetzen.

- Wenn Ihre Prozesse digitalisiert sind,
- wenn Sie neue Serviceangebote und Geschäftsmodelle im Markt platziert haben,
- wenn künstliche Intelligenz Aufgaben übernimmt, die zuvor ein Mensch bearbeitet hat,

beginnt die digitale Transformation von vorne. So, wie Sie es von Computerprogrammen kennen. Oder vom Betriebssystem Ihres Smartphones. Immer schneller. Immer umfangreicher. Immer schlauer. Immer nützlicher. Von digitalen Lösungen erwarten wir heute Dinge, die uns noch vor wenigen Jahren überfordert hätten. Sie sollen uns Entscheidungen abnehmen und für uns vorausdenken. Sie sollen sich selbst optimieren und dazu lernen.

Im Unternehmen gilt es, immer wieder eine neue Stufe der digitalen Transformation zu zünden. Wir müssen uns Fragen wie diese stellen:

- Wie kann der gerade eingeführte digitale Prozess weiter optimiert werden? Ist er angesichts neuer technischer Möglichkeiten überhaupt noch angemessen? Oder haben wir gerade einen Prozess digitalisiert, der angesichts der Digitalisierung eigentlich überflüssig ist?
- Wird das Service- oder Geschäftsmodell angenommen? Oder hat der Wettbewerb inzwischen bessere digitale Dienstleistungen und bessere digitale Geschäftsmodelle entwickelt?
- Mit welchen Funktionen muss die KI, die wir eingeführt haben, erweitert werden? In welchen anderen Bereichen kann sie Entscheidungsprozesse beschleunigen?

Digitalisierung und digitale Transformation sind das Werkzeug, nicht das Ziel. Das Ziel ist die radikale Effizienzsteigerung, die ich in meinem Buch »Digitale Disruption« beschrieben habe. Es geht darum, Aufgaben im Bruchteil einer Sekunde automatisch erledigen zu lassen, für die früher Akten auf Rollwagen durch meterlange Gänge geschoben wurden.

Thermomix: Erfolgreich den digitalen Reset gewagt

2019 kriselt eine deutsche Haushaltslegende: Der Thermomix. Zu diesem Zeitpunkt galt das Unternehmen als Vorreiter der Digitalisierung: Die App zum Produkt und eine eigene Rezeptwelt online – ein gutes Beispiel für die Umsetzung smarter Produkte. Man könnte es fast als die YouTubisierung des Kochens bezeichnen. Schon beim Aussprechen des Namens bekamen die durchschnittliche deutsche Hausfrau und der durchschnittliche deutsche Hausmann feuchte Augen. Und trotzdem war der digitale Vorreiter zugleich digitaler Dinosaurier: Das Vertriebsmodell des Thermomix – das schien lange Zeit wie der letzte Gletscher in Grönland, der sich beharrlich gegen die Klimaerwärmung wehrt. Wie der letzte Diesel, der immer noch vom Band läuft, während E-Autos und neue Mobilitätskonzepte die Welt erobern. Und wie die letzte Schallplatte, die über den Ladentisch geht, während um sie herum Musik gestreamt wird. Ein wackerer digitaler Dinosaurier, der angriffslustig durch die Steppe stapft und den kleinen wendigen Säugetieren zuruft: »Digitalisierung? Ohne mich!«

Dann das. Ausgerechnet Thermomix kündigte 2019 an, die Geräte nicht mehr in Deutschland zu produzieren. Aus »Made in Germany« sollte »Made in France« werden. Oder vielleicht sogar »Made in China.« Die Nachfrage in Europa sinke, ließ das Unternehmen melden. Und das in einem Markt, der ein jährliches Umsatzwachstum zwischen einem und drei Prozent alleine in Deutschland meldet, je nachdem, ob man den Thermomix zu den Herden und Öfen oder den Küchengeräten und Maschinen zählt. Am sinkenden Marktvolumen jedenfalls konnte es nicht liegen. Thermomix kämpfte mit einer inneren Zerrissenheit und einer Strategie, die die digitale Zukunft abbildet und zugleich in den Siebzigerjahren stehen geblieben ist.

Das Thermomix-Problem lag im antiquierten Vertriebsmodell

Thermomix, so schrieb ich 2019 im »manager magazin«, könnte langsam an seinem eigenen Erfolg zugrunde gehen. Auf der Webseite bewarb das Unternehmen den schlauen Kochhelfer mit den Worten »Zeit, sich in den Thermomix TM6 zu verlieben«. Wer noch nicht ganz verliebt war, fand auf einem eigenen YouTube-Kanal alles, um aus der Verliebtheit eine Liebe fürs Leben zu machen. Doch dann – kaum waren Kunden ernsthaft verliebt – begann das Problem.

Ich erinnere mich an den Tag, als es plötzlich um meine Frau geschehen war: »Schatz, ich bestell uns den online.« Eine halbe Stunde später: »Das habe ich noch nie gesehen. Den gibt es nicht online.« Verständnislosigkeit. Auf zum Vorwerk-Geschäft in der Stadt. Dort stand er. Wie ein kleines Heiligtum. Der Familienrat beschloss: »Na gut, dann schleppen wir das Ding eben nach Hause.« Und zum Verkäufer gerichtet: »Den hätten wir gerne.« Die Antwort: »Das geht nicht.«
»Wie? Ich zahle jetzt und nehme ihn mit. Ganz normal.«
»Den können Sie nicht einfach normal kaufen. Ich kann Ihnen die Telefonnummer einer Dame geben, die zu Ihnen nach Hause kommt und Ihnen den Thermomix vorführt.«

Ein Geschäft, in dem Kunden wieder nach Hause geschickt werden? Das ist wie ein Autohaus, in dem der Verkäufer sagt: »Ich verstehe nicht, wie sie auf die Idee kommen, hier ein Auto zu kaufen.« Oder ein Versicherungsmakler, der Sie auslacht: »Was? Eine Hausratversicherung? Bei mir? Sie sind ein komischer Vogel.«

Das war Thermomix. Unweigerlich schaute man sich als Kunde um, ob nicht irgendwo eine versteckte Kamera steht. Und gleich würde Guido Cantz auftauchen und fragen: »Verstehen Sie Spaß?« Sie ahnen es: Dies war der Tag, an dem wir keine Thermomix-Kunden wurden.

Thermomix symbolisierte das Digitalisierungsproblem des Mittelstands

Thermomix hatte – obwohl Vorreiter in der Entwicklung digitaler Haushaltsgeräte – etwas Wichtiges vergessen: Die digitale Transformation dort voranzutreiben, wo es am meisten wehtut. In den eigenen Strukturen. Stattdessen ein Vertrieb, der wie ein Relikt wirkte. Ein Hauch von Nostalgie. Schlagartig wurden Kunden um fast fünfzig Jahre zurückversetzt.

»Kostenloses Erlebniskochen« – ein Vertriebsansatz mit über vierzigtausend Repräsentanten in siebzig Ländern. Kompliziert. Aufwendig. Ein Auslaufmodell. Doch dem digitalen Dinosaurier schien das nichts anzuhaben. Bis 2019.

Es ist ein klassisches Problem der digitalen Transformation, das ich in meinem Buch »Digitale Gewinner« beschrieben habe: Teile des Unternehmens sind hochinnovativ und Vorreiter der digitalen Transformation. Doch andere – strategisch wichtige – bleiben in der analogen Zeit stecken.

Heilige Kühe, die nicht mehr zeitgemäß sind, werden nicht geschlachtet. Dem Netz aus engagierten und fachkundigen regionalen Verkäufern und Verkäuferinnen plötzlich einen Online-Vertrieb entgegenzusetzen, das wäre wie ein Schlag in die Magengrube gewesen. Das funktionierende System aus Verkäufern und Verkäuferinnen hätte praktisch über Nacht zusammenbrechen können.

Durch die Digitalisierung stand plötzlich alles, was Vorwerk jemals aufgebaut hatte, auf dem Spiel. Bereits der letzte Modellwechsel hatte zu einem Aufstand unter den Kunden und Vertriebspartnern geführt.

Thermomix-Manager waren nicht zu beneiden

Für das Management von Unternehmen war das eine extrem schwierige Situation. Im Prinzip ahnten alle, dass harte Einschnitte und ein radikaler Richtungswechsel erforderlich sind. Doch muss es wirklich jetzt sein? Ausgerechnet die wichtigste Frage wurde hinausgezögert: »Wie sehr sind wir bereit, das funktionierende Bestehende anzugreifen und durch etwas Ungewisses und Neues zu ersetzen?«

Die wichtigste Fähigkeit für Unternehmen besteht darin, diesen Widerspruch zu managen: Das Bestehende stolz und voller Entschlossenheit zu verteidigen. Und es parallel dazu mit hoher Dynamik und der gleichen Entschlossenheit anzugreifen. Bewahren und erneuern. Dieses in der Wissenschaft als Ambidextrie bezeichnete Prinzip einer beidhändigen Organisation vereint Widersprüche in sich. Aber es ist schmerzhaft. Wie erklären Sie einem hochengagierten Thermomixverkäufer, dass es das Gerät ab sofort auch online zu erwerben gibt?

Corona brachte die Wende

Ein Jahr später. Lockdown. Kundinnen und Kunden, die das Kochen für sich neu entdeckten. Ging ja nicht anders. Klubs geschlossen, Restaurants geschlossen, Reisen fast unmöglich. Allerdings kam das Vertriebsmodell weiter unter Druck. Wie soll ein Verkauf, der auf persönlichen Kontakt basiert, ohne persönlichen Kontakt funktionieren? Das Unternehmen entschloss sich zu einem radikalen Schritt: dem Reset. Verkaufstreffen wurden kurzerhand digital abgehalten. Dadurch wurde der Vertrieb lokal unabhängig und erstmals in der Unternehmensgeschichte konnte der begehrte Thermomix online bestellt werden. Was für andere Unternehmen selbstverständlich ist, nämlich die Produkte online anzubieten, war für das Mutterunternehmen Vorwerk ein großer Schritt.

Der Reset der Unternehmensstrategie hat sich gelohnt. Die Fertigungsstraße in Wuppertal, Ende 2019 geschlossen, wurde wieder in Betrieb genommen, um der hohen Nachfrage nachzukommen. Statt Krise brachte Corona Vorwerk das beste Jahr seiner Geschichte. Die Berater bleiben weiterhin ein zentraler Vertriebskanal, jedoch nicht der exklusive.

1.2 Demografie: Die Folgen des Fachkräftemangels

Wir haben 2021 in den Nachrichten gesehen, wie in Großbritannien plötzlich Supermarktregale leer blieben, weil die Lkw-Fahrer fehlten. Sie spüren den Fachkräftemangel, wenn der Chef Ihrer Hausverwaltung sagt: »Was? Ihr Handwerker war zu spät? Seien Sie froh, dass überhaupt noch jemand erschienen ist.« Als in unserer Wohnung die Schiebetüren nachgestellt werden müssen, kommt das ersehnte Team aus zwei Handwerkern schon nach einem Monat. Das Zwei-Mann-Team besteht aus dem erfahrenen Schreinermeister, rund sechzig Jahre alt und seinem Gesellen, der die Leiter trägt, das Werkzeug reicht und die Arbeiten vorbereitet. Wie alt ist der Geselle? Fünfundsechzig. Ich frage nach: »Wie sieht es bei Ihnen mit dem Nachwuchs aus?« Gelächter. »Nachwuchs? Gibt es nicht.« »Haben Sie keine Auszubildenden?« »Nur noch ein paar. Es bewirbt sich ja keiner. Und die, die die Ausbildung abschließen, haben keine Lust darauf, schwere Fenster durch die Gegend zu schleppen und zu montieren. Sie werden lieber Möbelschreiner. Da verdienen sie ohnehin mehr. Bei uns gibt es keinen Nachwuchs.«

Hat heute schon jemand Ihre Beschäftigten abgeworben?

Unser Unternehmen hat in den vergangenen Jahren seine Präsenz auf sozialen Netzwerken wie LinkedIn massiv ausgebaut. Unsere Beschäftigten sind dort vertreten, das Firmenprofil wird regelmäßig gepflegt. Als modernes Unternehmen sollen die eigenen Mitarbeiter und Mitarbeiterinnen über soziale Netzwerke selbstverständlich gut erreichbar sein. Sind sie auch. Dummerweise nicht immer für die richtigen. Der Leiter unseres Customer Success Teams sagt mir: »Nicht falsch verstehen, ich fühle mich total wohl und das Gehalt stimmt auch. Aber ist das normal, wie viele Anfragen ich von Headhuntern bekomme?«

Herzlich willkommen in der Welt des Fachkräftemangels. Die Jagdsaison ist eröffnet. Ihre hoch qualifizierte Mitarbeiterin möchte gerne vom Homeoffice aus arbeiten? Und Sie verwehren es ihr? Sie können davon ausgehen, dass ein anderes Unternehmen bereit ist, Homeoffice zu akzeptieren. Falls sie nicht aktiv sucht, steht der nächste Headhunter schon in den Startlöchern.

Okay, ihre Mitarbeiterin ist weg. Dummerweise muss die Arbeit erledigt werden. Und jetzt? Jetzt sind Sie auf der Seite der Jäger. Und was tun Sie, wenn sich begehrte Fachkräfte nicht von allein bewerben? Genau das, was Sie gerade Ihre Mitarbeiterin gekostet hat: Sie werben Personal woanders ab. Und was passiert, wenn Sie als Bauunternehmen Ihren Bauschreiner nicht mehr bekommen? Sie werben ihn woanders ab oder Sie nehmen diese Art von Aufträgen nicht mehr an.

So wie die Bäckereifiliale, die in unserer Nachbarschaft schloss und nur noch einen Zettel hinterließ: »Aus technischen Gründen bleibt diese Filiale für zwei Monate geschlossen.« Dafür gibt es letztlich nur zwei Gründe: Entweder gibt es kein Personal, das Kunden und Kundinnen bedienen kann. Oder es fehlt am Personal, um technische Geräte zu reparieren. Am Umsatz kann es jedenfalls nicht liegen. Kaum war die Filiale wieder auf, standen Kundinnen und Kunden Schlange.

Reset! Unternehmen fit machen für die Zeit des Fachkräftemangels

Wäre dieses Buch ein Schwarzmalerbuch, würde ich an dieser Stelle schreiben: »Es wird immer schlimmer. Wir können in Zukunft einfachste Arbeiten nicht mehr ausführen. Zeitpläne werden ins Wanken geraten, alles wird teurer und die Qualität wird schlechter. Düstere Aussichten.« Aber dieses Buch ist ja kein Schwarzmalerbuch, sondern eines, das Sie dabei unterstützt, einen zentralen Konflikt der nächsten Jahre zu bewältigen: Mit weniger Personal (also verteuerter Arbeit, teurerer Produktion, teurerem Einkauf et cetera) mehr Umsatz und mehr Gewinn zu erwirtschaften.

Natürlich können Sie die Jagd auf Bauschreiner eröffnen, indem Sie die größeren Waffen einsetzen (mehr Werbebudget für die Personalakquise, Honorare an Headhunter, höhere Gehälter), aber letztlich führt es dazu, dass Sie – egal ob Sie Fenster einbauen, Kunden und Kundinnen betreuen oder Software entwickeln – die Preise für Ihre Leistungen drastisch verteuern müssen. Genau wie alle Ihre Lieferanten, deren Produkte und Dienstleistungen in Folge immer teurer werden. So lange Ihre Kundschaft bereit ist, dafür zu bezahlen, ist nichts weiter passiert, als dass Sie die Inflation gemeinsam weiter nach oben treiben. Sie zahlen höhere Löhne, Ihre Angebote werden teurer, das merken Ihre Kunden und Kundinnen, deren Beschäftigte ebenfalls höhere Löhne fordern und so weiter.

Die Lösung ist ein Reset. Es geht darum, die Art des Bauens, die Art der Zusammenarbeit mit den eigenen Lieferanten sowie die Art der Produkt- und Dienstleistungsgestaltung radikal neu zu erfinden. Wenn es keine Bauschreiner gibt, die Fenster einsetzen können, muss ohne Bauschreiner gebaut werden. Wenn Fachkräfte in bestimmten Bereichen so sehr umworben sind, dass eine wirtschaftliche Produktion extrem schwer wird, braucht es verstärkte Automatisierung. Oder andere Lösungen. Die Resetfrage lautet:

- »Wie bauen wir ein Fenster ein, wenn am Markt keine qualifizierten Handwerker mehr zu finden sind?«
- »Wie betreuen wir Kunden und Kundinnen, wenn die Kundenbetreuerin gerade vom Headhunter weggeworben wurde?«
- »Wie betreiben wir eine Backfiliale, wenn es weder Fachpersonal für den Verkauf noch Fachpersonal für die Wartung und Instandhaltung der Geräte gibt?«

Diesen Fragen werden sich Unternehmen in den nächsten Jahren mehr und mehr stellen müssen. Dabei ist klar, dass davon nicht alle Unternehmen im gleichen Maße betroffen sind. Es wird weiterhin Unternehmen geben, die sich vor Bewerberinnen und Bewerber kaum retten können. Es wird auch in Zukunft Branchen geben, in denen das Wort Fachkräftemangel ein Fremdwort ist. Und es wird andere geben, die sich aufgrund der sich verändernden Demografie radikal verändern.

Beispiel: Wie der Fachkräftemangel zu Innovationen führt
Die Lösung, Arbeitskräfte in anderen Ländern anzuwerben, liegt auf der Hand. Doch es gibt auch andere Lösungen:
Neue Lagerkonzepte: Waren, die bislang »just in time« geliefert wurden, werden nun wieder verstärkt gelagert. Aus der täglichen Lieferung wird die wöchentliche. Aus der wöchentlichen die monatliche. Bei Salat und Waren mit begrenzter Haltbarkeit mag das keine Lösung sein, für die Mehrzahl von Lieferungen schon. Für Unternehmen war es in den vergangenen Jahren einfach nur wirtschaftlicher, immer mehr sogenannte rollende Lager einfach auf die Autobahn zu verlegen, weil das günstiger war.
Automatisierung von Lagern und Auslieferungen: In diesem Buch werde ich noch auf das Beispiel von JD.com, einem chinesischen Unternehmen, eingehen. Hier zeigt es sich, was passiert, wenn die gesamte Lieferkette neu gedacht wird. Mit einem Reset lautet die Frage nicht: »Wo bekommen wir mehr Lkw-Fahrer her?« Sondern: »Wie vermindern wir die Zahl der Lkw-Fahrten drastisch?« Spätestens

jetzt merken Sie, warum die drei Haupttrends Fachkräftemangel, Nachhaltigkeit und Digitalisierung die Veränderung gemeinsam beschleunigen: Weniger Lkw-Fahrten bedeuten mehr Klimaschutz. Der Einsatz digitaler Lösungen dient nicht dazu, bestehendes Personal abzubauen, sondern dem Fachkräftemangel zu begegnen.

1.3 Nachhaltigkeit: Vom wirtschaftlichen Mauerblümchen zum Veränderungsmotor

»Guten Tag, mein Name ist Schulz, ich bin Nachhaltigkeitsmanagerin.«

Die Reaktion auf diese einfache Vorstellung hätte im Jahr 2000 ungefähr so geklungen: »Sie Ärmste, hat man Sie abgeschoben? Wollte Sie sonst im Unternehmen niemand haben?« Im Jahr 2010 hätte das schon etwas anders geklungen: »Ist das wegen der Finanzkrise und Lehmann Brothers? Und Al Gore mit seinen Umweltplänen? Ja, ein wichtiges Thema. Steht allerdings aktuell bei uns nicht auf der Agenda.« Seit dem Jahr 2020 lautet die Antwort: »Das ist eine wichtige Qualifikation. Mit diesem Bereich beschäftigen wir uns gerade sehr intensiv.«

Wie kommt es zu dem Sinneswandel? Haben Unternehmen plötzlich eine Liebe zur Nachhaltigkeit entdeckt, die vorher nur versteckt da war? Haben die Demonstrationen von Fridays for Future, die Protestaktionen der Umweltschutzbewegung Extinction Rebellion und die Aktivitäten des früheren US-Vizepräsidenten Al Gore Wirkung gezeigt? Oder sind es am Ende nur gesetzliche Vorgaben, die den Trend der Nachhaltigkeit verstärken?

Die Antwort: alles zusammen. In allen Bereichen von Unternehmen findet ein Umdenken statt. Angetrieben von Menschen in verantwortlichen Positionen, denen das Thema am Herzen liegt. Von Marketing- und Kommunikationsabteilungen, für die es ein Image-GAU wäre, würden sie morgen als Klima- und Umweltsünder angeprangert werden. Und von gesetzlichen Vorgaben, die teils offen in den Medien diskutiert werden und teils so versteckt sind, dass sie ihre Wirkung nur ganz langsam, dafür aber mit einer umso durchschlagenderen Wirkung erzielen – wie beispielsweise die sogenannte EU-Taxonomie.

Die versteckten Treiber der Nachhaltigkeit

»Wir müssen verhindern, dass die Erderwärmung sich ungebremst fortsetzt und die Häufigkeit von extremen Wetterereignissen zum Normalfall wird.« 2000 wäre diese Aussage wahrscheinlich von einer Umweltschutzorganisation gekommen. 2010 möglicherweise bereits von besonders progressiv und im weitesten Sinne »grün« denkenden Top-Führungskräften in Unternehmen. Und 2021? Da wird Jörg Asmussen, Hauptgeschäftsführer des Gesamtverbands der Deutschen Versicherungswirtschaft, mit dieser Aussage zitiert. Es ist kein heimlich mitgeschnittenes und veröffentlichtes Zitat. Es findet sich offiziell in der Sachstandserhebung »Der deutsche Finanzsektor und die Nachhaltigkeitsrisiken« der BaFin (Bundesanstalt für Finanzdienstleistungsaufsicht) wieder. Der Grund: Bereits 2012 hatte die Weltbank Alarm geschlagen: Eine +4-Grad-Welt ist nach traditionellen Maßstäben nicht mehr versicherbar. Asmussen wird deutlich: »Wenn es nicht gelingt, die Erderwärmung unter dem Zwei-Grad-Ziel des Pariser Klimagipfels zu halten, dann werden wir etwa die Versicherung von Naturgefahren nicht in der bestehenden Form fortführen können.«

Entsprechend sind es keine Schwarzmaler oder Untergangspropheten, die Sätze wie diese von sich geben: »Der Wandel zu einer klimaneutralen Welt wird jedes Unternehmen und jede Branche fundamental verändern. Die Frage ist: Werden Sie diesen Wandel anführen – oder sich führen lassen?« Mit diesen Worten beschreibt Blackrock-CEO Larry Fink 2022 in einem offenen Brief an Unternehmenschefs weltweit die Notwendigkeit, die Finanzwelt grundlegend umzugestalten. »Was tun Sie für bahnbrechende Neuerungen in Ihrem Geschäft? Wie bereiten Sie sich auf den Übergang zu einer klimaneutralen Wirtschaft vor und welchen Beitrag leisten Sie? Was bedeuten die grundlegenden Veränderungen, die die Energiewende für Ihre Branche mit sich bringt, für Ihr Unternehmen? Bedrohen sie seine Existenz, oder wird es wie Phönix aus der Asche neu entstehen?«

Die Auswirkungen hatte Fink zuvor bereits drastisch beschrieben:

- Werden Städte beispielsweise ihre dringend benötigten Infrastrukturprojekte noch finanzieren können, wenn Klimarisiken eine Umgestaltung des Marktes für Kommunalanleihen erzwingen?
- Wie geht es weiter mit dreißigjährigen Hypotheken, einem wichtigen Baustein der Finanzwirtschaft, wenn Kreditgeber nicht mehr in der Lage sind, die Folgen von Klimarisiken über einen derart langen Zeitraum abzuschätzen?
- Was passiert, wenn es keinen funktionierenden Markt mehr für Hochwasser- und Brandschutzversicherungen gibt?
- Und wie entwickeln sich die Inflationsraten und damit auch die Zinsen, wenn die Lebensmittelpreise infolge von Dürre und Überschwemmungen steigen?
- Wie lässt sich das Wirtschaftswachstum modellieren, wenn die Produktivität in den Schwellenländern aufgrund extremer Hitze oder anderer Klimaveränderungen sinkt?

Mit 9,5 Billionen US-Dollar an verwaltetem Vermögen ist BlackRock Anfang 2022 der weltweit größte Vermögensverwalter. Mitte 2021 machte das Unternehmen ernst und nahm mehr als zweihundertfünfzig Aufsichtsräte als Öko-Sünder ins Visier. Der Vermögensverwalter hatte sich zuvor tausend Unternehmen unter dem Aspekt der Klimarisiken näher angesehen.

Auch der Gesetzgeber treibt das Thema Nachhaltigkeit voran. Einerseits durch das im Juli 2021 veröffentlichte Lieferkettengesetz, das Unternehmen (ab 2023 mit mehr als dreitausend Beschäftigten, ab 2024 mit mehr als tausend Beschäftigten) verpflichtet, Menschenrechtsrisiken und Umweltrisiken in ihrer Lieferkette zu ermitteln und gegebenenfalls abzustellen. Andererseits durch die EU-Taxonomie: Bestimmungen der europäischen Union, die darauf abzielen zu definieren, ob Wirtschaftstätigkeiten als ökologisch nachhaltig einzustufen sind oder nicht. Für Unternehmen ergibt sich daraus eine Berichtspflicht. Das Ziel, das dahinter steckt, ist jedoch kein bürokratisches. Vielmehr geht es darum, dass langfristig Investitionen in die Wirtschaftsaktivitäten fließen, die als ökologisch nachhaltig angesehen werden.

Wenn Unternehmen wie Goldman Sachs auf ihrer globalen Webseite mit der Aussage »Climate change is a global challenge« werben und auf der deutschen hinzufügen, dass »Nachhaltigkeit und verantwortungsbewusstes Handeln ... wesentliche Treiber unseres Geschäfts« sind, zeigt das das Ausmaß. Nachhaltigkeit ist ein globaler Wachstumsmarkt. »Wir wissen, dass Klimarisiken Investmentrisiken sind«, schreibt Larry Fink 2021. »Aber wir sind auch überzeugt, dass die klimabedingten Veränderungsprozesse historische Anlagechancen mit sich bringen.«
Der Weg vom Mauerblümchen zum Anlegerstar hat allerdings lange gebraucht, um sich zu entwickeln.

Der lange und steinige Weg von Oatly

In immer mehr Supermärkten finden Sie heute Milchersatzprodukte aus Soja, Hafer oder anderen Zutaten. Eine der Marken heißt Oatly. Das schwedische Unternehmen vertreibt das Produkt heute in rund zwanzig Ländern. Doch wie neu ist Oatly eigentlich? Ist es eines dieser jungen hippen Unternehmen, bei denen sich das Gründungsteam schnell etwas ausgedacht hat und damit über Nacht erfolgreich wurde? Nein. Es ist die Geschichte eines Produkts, das es genauso schwer hatte, wie das Thema Nachhaltigkeit.

Stellen Sie sich vor, Sie wären Ende der Achtzigerjahre an der Universität Lund einem Wissenschaftler begegnet, der nach Möglichkeiten sucht, Milch durch andere Arten von Lebensmitteln zu ersetzen. Der Forscher hätte Ihnen von einem Enzym erzählt, mit dem Hafer gespalten werden kann. Durch ein spezielles Verfahren, so hätte der Forscher geschwärmt, könne man aus Hafer eine milchige Flüssigkeit machen. Wie hätten sie reagiert? Möglicherweise hätten Sie ihn schulterzuckend für ein Spinner gehalten. Milchersatz? Was soll das? Wer braucht so etwas?

Mitte der Neunzigerjahre gründete Öste sein Unternehmen Ceba Foods, 2001 wurde die Marke Oatly eingeführt. 2015 machte die inzwischen umbenannte Oatly AB Schlagzeilen. Allerdings durch einen Rechtsstreit. Eine Milchhandelsorganisation verklagte das Unternehmen und startete eine Kampagne, in der Hafermilch schlecht gemacht wurde. Erst 2018 startete das Unternehmen mit seinen Produkten im deutschen Lebensmitteleinzelhandel. Ab jetzt ging es rasant. Für hundert Millionen Dollar verkaufte Oatly 2020 zehn Prozent der Unternehmensanteile an einen globalen Investor, der nach Angaben von Kritikern zuvor in die Sojaindustrie investiert hat, die weltweit Regenwälder abholzt.

Oatly ist ein Beispiel für die rasante Beschleunigung, den der Trend der Nachhaltigkeit erlebt. Lange Zeit waren es Nischenprodukte für eine Nischenzielgruppe, die sich für ein Nischenthema interessiert. Jetzt ist Nachhaltigkeit eine große Geschäftschance. Die Rettung des Planeten vor dem Klimawandel als Billionengeschäft. Der Report BETTER BUSINESS BETTER WORLD der Weltbank aus dem Januar 2017 spricht von »Marktchancen in Höhe von zwölf Billionen US-Dollar« bis 2030. Rechnet man eine höhere Arbeits- und Ressourcenproduktivität als heute ein, könnte – so der Report – der gesamte wirtschaftliche Gewinn zwei- bis dreimal höher ausfallen. Zum Vergleich: Der Bundeshaushalt umfasste 2021 (inklusive des Nachtrags aufgrund höherer Ausgaben durch die Coronakrise) 547,7 Milliarden Euro.

Damit ist deutlich absehbar, dass Nachhaltigkeit – neben der Demografie und der Digitalisierung – ein Haupttreiber der Veränderung in den nächsten Jahren sein wird. Der Klimawandel als innovatives gesellschaftliches Geschäftsmodell, nicht als Belastung. Eine neue Sichtweise entsteht.

1.4 Den Reset wagen. Aber warum jetzt?

In den letzten Jahren, in denen der Wandel sich bereits immer schneller vollzog, ist klar geworden: Managementfehler der Vergangenheit sind schwer aufzuholen, wenn Mitbewerber bereits einen jahrelangen Vorsprung in der Implementierung und Optimierung ihrer digitalen Strategien hinter sich haben. Das Gleiche wird auf Nachhaltigkeitsstrategien zutreffen: Natürlich lassen sich die Anforderungen des Klimaschutzes und der nachhaltigen Unternehmensführung als lästige Pflicht abtun. Aus dem Nachhaltigkeitsbericht wird das, was als »Greenwashing« beschrieben wird. Das heißt: Es ist mehr Schein als Sein.

Die Alternative: Eine tiefgehende Auseinandersetzung mit der eigenen Lieferkette, die Umstellung auf ressourcenschonende Produktionsverfahren, die Einführung neuer Technologien verbunden mit der Neuorganisation des eigenen Unternehmens. Zu Anfang der Zwanzigerjahre tut das weh. Doch wie das Beispiel des Einzelhandels zeigt: Die Schmerzvermeider der frühen Zehnerjahre bekommen die Auswirkungen Anfang der Zwanzigerjahre mit voller Wucht zu spüren.

Stellen wir uns die Wirtschaft des Jahres 2030 vor: Greta Thunberg ist dann siebenundzwanzig Jahre alt – so wie viele der Generation Fridays for Future. Man muss kein Prophet sein, um vorauszusagen, dass

- es bis dahin eine weitere Welle von Katastrophen gegeben hat, die nach Aussage des Großteils aller führenden Wissenschaftler auf den Klimawandel zurückzuführen sind,
- es noch größere Flüchtlingsbewegungen auf dem Planeten gibt
- und der Druck auf Unternehmen wächst, ihren Beitrag zum Klimaschutz noch effektiver und wirkungsvoller zu zeigen.

Man darf diese Entwicklungen nicht schwarz-weiß prognostizieren. Es wird mit hoher Wahrscheinlichkeit auch 2030 noch Klimaleugner geben und Menschen, denen das eigentlich egal ist. Aber der generelle Trend hin zu einer digitaleren und nachhaltigeren Wirtschaft ist da. Unternehmen, die sich bereits früh damit auseinandersetzen, werden 2030 auf fünf bis zehn Jahre Lernerfahrung zurückgreifen können, die anderen fangen an.

Am 30. September 2019 meldete das Handelsblatt, dass die in den USA beliebte junge Modemarkte Forever 21 Insolvenz angemeldet hat. Das Unternehmen setzte vor allem auf Fast Fashion, also schnell und billig produzierte Mode in schnell wechselnden Kollektionen. Einer der Gründe für den Niedergang der Modekette war – neben der digitalen Konkurrenz – vor allem auch der Trend zu nachhaltigerer Mode. Wenn wir nach vorne blicken: Wie wahrscheinlich ist es, dass die Generation Greta bis 2030 ihre Marktmacht spielen lässt und das Geschäftsmodell Fast Fashion noch unrentabler wird? Noch etwas zynischer gefragt: Wer wird Forever 21 vermissen? In einer Analyse zur Pleite von Forever 21 brachte es t3n, ein Onlinemagazin für digitale Pioniere, folgendermaßen auf den Punkt: »Händler: Werdet nachhaltig oder geht pleite.« Die These: Der Handel müsse sich verändern, um zu überleben.

Die Auswirkungen der Demografie am Beispiel des Lieferkettengesetzes

Stellen Sie sich vor, das Lieferkettengesetz wäre nicht 2021, sondern 1991 beschlossen worden. Als Unternehmen wären Sie nicht erst jetzt, sondern bereits vor dreißig Jahren dazu verpflichtet worden, auf die Einhaltung von Menschenrechten und Umweltschutzbestimmungen, auf soziale Standards und faire Geschäftspraktiken bei Ihren Lieferanten zu achten, diese sogar zu kontrollieren. Und nehmen wir an, Sie hätten rund fünfhundert Lieferanten. Das wäre logistisch und personell kaum zu stemmen gewesen.

Der Schriftwechsel mit Ihren Lieferanten hätte einen Aktenschrank nach dem anderen gefüllt. Sie hätten Fragebögen per Post (als Superinnovator der damaligen Zeit vielleicht sogar per Fax) hin und her geschickt, Sie hätten Ihre wichtigsten Lieferanten regelmäßig besucht und Verantwortliche eingestellt, die Sie dabei unterstützen, die Anforderungen des Gesetzgebers umzusetzen. Bei fünfhundert Lieferanten hätten Sie – grob geschätzt – zehn Neueinstellungen gebraucht. Aufgrund dieses enorm hohen bürokratischen Aufwands wären gesetzliche Vorgaben wie diese mit hoher Wahrscheinlichkeit kaum zu erfüllen gewesen.

Das ist heute anders. Und genau das ist auch ein Grund, warum der Gesetzgeber diese neuen Regularien inzwischen erlassen kann – ohne dass die Wirtschaft flächendeckend unter der Bürokratielast zusammenbricht. Was noch vor wenigen Jahrzehnten nicht zu bewältigen gewesen wäre, lässt sich dank des Einsatzes digitaler Lösungen und künstlicher Intelligenz heute umsetzen. Und dies trotz der Tatsache, dass es weniger Fachkräfte zur Erledigung solcher Aufgaben gibt. Was genau hat sich geändert?

Wie digitale Lösungen mehr Nachhaltigkeit mit weniger Personal ermöglichen

Nehmen wir an, Ihr Lieferant sitzt in China oder Bangladesch und verfügt nur über rudimentäre Englischkenntnisse. Wie hätten Sie in der Vergangenheit kommuniziert? In den Neunzigerjahren hätten Sie einen Brief (oder ein Fax) geschrieben, das zuvor von einem Übersetzungsbüro übersetzt worden wäre. Ende der Neunzigerjahren hätten Sie immerhin bereits per E-Mail kommuniziert und das Fax abgelöst. Außer, eine Behörde wäre involviert gewesen, dann hätten Sie schnell wieder ein Faxgerät angeschafft. Ihre Fragen hätten Sie in eine Excel-Datei geschrieben, was die Auswertung im Vergleich zu einem Papierfragebogen schon einmal erleichtert hätte.

Und heute? Nutzen Sie dafür voll automatisierte Plattformen für Lieferantenaudits. Ihr Lieferant erhält den Link zu einem Fragebogen, den er ausfüllt. Die Software erarbeitet daraus automatisch Maßnahmenpläne und erkennt Verletzungen gesetzlicher Standards. Sie haben Nachfragen? Anstatt eine E-Mail zu schreiben, legen Sie in der Software Fragen an und beginnen eine Diskussion. Sie fragen auf Deutsch, Ihr Lieferant erhält – dank des Einsatzes künstlicher Intelligenz – die Fragen wie selbstverständlich in der jeweiligen Landessprache. Sie tauschen sich aus, schließen das Audit ab, die Software erstellt automatisch einen Bericht.

Plötzlich wird das, wofür Sie noch vor wenigen Jahren eine eigene Abteilung gebraucht hätten, einfach zu managen. Für fünfhundert Lieferanten brauchen Sie jetzt nicht mehr zehn Personen, sondern nur noch maximal eine. Das Lieferkettengesetz ist ein gutes Beispiel dafür, wie Wirtschaft neu gedacht wird. Und wie die drei von mir beschriebenen Trends – Digitalisierung, Demografie und Nachhaltigkeit – sich gegenseitig beschleunigen und intensivieren.

Erforderlich: ein Reset in allen Unternehmensbereichen

Natürlich können Sie erst einmal abwarten. Sie können darauf vertrauen, dass alles nicht ganz so radikal sein wird, wie vorhergesagt. Und Sie können jeden Anflug von Neuem unterdrücken. Aber ich vermute, dann hätten Sie dieses Buch nicht gekauft. Sie haben dieses Buch gekauft, weil Sie für Ihr Unternehmen, Ihre Organisation, Ihren Fachbereich oder für sich selbst Antworten suchen. Weil Sie die Fehler vermeiden wollen, die andere bereits gemacht haben. Und weil Sie für sich die Notwendigkeit erkennen, zumindest Teile von dem, was Sie heute tun, radikal neu zu erfinden.

Denken Sie Ihre Unternehmensstrukturen neu!

Das vergangene Jahrzehnt hatte putzige Bilder: Automobilvorstände ohne Schlips in der Berliner Start-up-Szene. Wow. Wie cool! Die Silicon Valley-Tour des Axel Springer-Vorstands. Zum Nachmachen empfohlen, aber nicht die alleinige Lösung für die Herausforderungen des neuen Jahrzehnts.

In Unternehmen gilt es jetzt, den Spagat zwischen dem operativen Geschäft und den Anforderungen von Innovation gleichzeitig gerecht zu werden. Sie brauchen dazu zwei Strukturen: Die klassische hierarchische, wie wir sie alle kennen: Eine Geschäftsführung beziehungsweise ein Vorstand, Abteilungen und Fachbereiche, Mitarbeiterinnen und Mitarbeiter und Teams. Schön strukturiert in einem Diagramm.

Diese Struktur ist perfekt dazu geeignet, das operative Geschäft zu managen. Für Innovation ist sie denkbar untauglich: zu langsam, zu ineffizient. Unternehmen brauchen zusätzlich parallele Strukturen, die nicht auf Kontinuität, sondern auf schnellen Wandel ausgerichtet sind.

Für unterschiedliche Innovationsthemen finden sich Mitarbeiter und Mitarbeiterinnen unterschiedlicher Fachbereiche, häufig ergänzt um externe Expertinnen und Experten, Kundinnen und Kunden und teilweise sogar Mitarbeiterinnen und Mitarbeitern aus anderen Unternehmen und von Mitbewerbern. Diese parallele Struktur steht im Widerspruch zur ersten:

- Hierarchien werden zum Teil umgedreht (»Gestern waren Sie mein Chef, heute bin ich Ihrer.«),
- in einzelnen Unternehmensteilen existiert eine andere Innovationskultur (»Montag bis Mittwoch werden Fehler bestraft, Donnerstag und Freitag belohnt.«)
- es gibt unterschiedliche Strukturen (»Folgen Sie dem Prozess nicht, entwickeln Sie einen neuen.«).

Diese internen Innovationsnetzwerke arbeiten autonom und zielorientiert an neuen Konzepten, Services und Geschäftsmodellen.

Begeistern Sie Mitarbeiterinnen und Mitarbeiter für den Wandel!

Es war eine dieser haarsträubenden Momente, die in Unternehmen eine regelrechte Digitalisierungsphobie auslösen: Martin Zielke, bis Ende 2020 Vorstand der Commerzbank, tritt vor die Öffentlichkeit und sagt sinngemäß: Hoppla, wir haben gerade entdeckt, dass die Digitalisierung Veränderungen erforderlich macht. Und deshalb bauen wir bis 2020 neuntausendsechshundert Vollzeitstellen ab. Wow! Was für eine Motivationsrede!

Das Wort »Digitalisierung« war anschließend in den Köpfen der Beschäftigten gleichbedeutend mit »Arbeitsplatzabbau«. Wen wundert es da, wenn Betriebsräte auf die Barrikaden gehen und Digitalisierungsphobie statt Digitalisierungseuphorie herrscht?

Was Zielke getan hat: Er hat das Hardcore-Management der Neunzigerjahre (»Ich bin der knallharte Kostensenker, ein ganzer Kerl.«) auf die Anforderungen der Digitalisierung übertragen. Klar, kann man so machen, ist aber das Gegenteil von dem, was erfolgreiche Start-ups ausmacht. Sie setzen auf

Kollaboration, auf eigenständig denkende und handelnde Beschäftigte, auf Kreativität und Innovationsgeist. Sie haben Visionen. Denn Beschäftigte lassen sich für Visionen begeistern, für Personalabbau nicht.

Bauen Sie eine Innovationspipeline auf, die wehtut!

»Oh, wir sind sehr innovativ. Wir haben zwei neue Werbespots gemeinsam mit der Agentur erarbeitet, fünf Verbesserungsprojekte für interne Abläufe, zehn Prozent mehr Ideen im internen Ideenmanagement und erarbeiten gerade mit Studenten der Universität XY Konzepte für die Digitalisierung.« Das klingt gut, ist aber Stillstand. Tagesgeschäft. Das, was man ohnehin macht. Diese Innovationsagenda tut nicht weh. Richtig weh hingegen tut das:

- Innerhalb von sechs Monaten werden siebzig Prozent aller bestehenden Prozesse und Abläufe radikal auf den Kopf gestellt und erneuert. Papier verschwindet ganz.
- Bis Ende nächsten Jahres werden achtzig Prozent aller Kundenanfragen digital beantwortet, heute sind es zwanzig Prozent.
- Sie machen Ihre neue Maschinengeneration konsequent fit für das Internet der Dinge – ohne dass Sie konkrete Anwendungsfälle bereits genau kennen.
- Sehen Sie da hinten das engagierte junge Team? Es ist gerade dabei, das bestehende Geschäftsmodell anzugreifen. Radikal und kompromisslos. Für das, was dieses Team tut, investieren Sie Ihren gesamten Jahresgewinn.

Das tut weh. Richtig weh. Beschäftigten, Führungskräften, der Geschäftsführung, dem Aufsichtsrat, Gesellschaftern und Aktionären. Doch die Alternative ist schmerzvoller: Wenn Traditionsunternehmen vom Markt verschwinden, ist es die Folge jahrelanger Schmerzvermeidung. Innovation ist wie Altersvorsorge und Sport bei Bewegungsmuffeln: Es ist unangenehm. Aber die Folgen des Nichtstuns sind heftiger.

Dieses Buch soll wehtun. In den nächsten Kapiteln werde ich Ihnen aufzeigen, wie Sie mithilfe eines Resets neue Strategien entwickeln können, Ihre Organisation hinterfragen und systematisch neu aufbauen können. Mehr noch: Ich werde Ihnen vermitteln, wie Sie mithilfe eines Resets neue Führungskonzepte, neue Geschäftsmodelle, neue Fähigkeiten und ein neues Denken entwickeln und in Ihrem Unternehmen verankern können.

Die Denkstrategien, die ich Ihnen vermittle, sind in der Zeit nach der Coronakrise wichtiger als jemals zuvor. Sie passen perfekt zu den Herausforderungen eines sich beschleunigenden Wandels. Und sie werden Ihnen helfen, 2030 zu den Gewinnerinnen beziehungsweise Gewinnern des Wandels zu gehören.

1.5 Konservieren durch Optimieren: Wie sich Unternehmen selbst ausbremsen

Vollgas geben und zugleich die Handbremse anziehen. Disruptiv denken, aber nichts Bestehendes antasten. Mutig sein und pionierhaft handeln, aber kein Risiko eingehen. In den vergangenen Jahren haben wir zahlreiche Beispiele von Unternehmen gesehen, die Schwierigkeiten damit hatten, sich auf die Zukunft einzustellen. Erinnern Sie sich noch an »Zwanzig Prozent auf alles (außer Tiernahrung)«? Den »Mallorca Shuttle« und das Schokoladenherz beim Einsteigen ins Flugzeug? Oder »preisberühmt«? Die Praktiker Baumärkte, Air Berlin und Schlecker haben in den vergangenen Jahren das gleiche Schicksal erlitten: Sie verschwanden vom Markt. Vom Arcandor-Konzern, bestehend aus der Warenhauskette Karstadt, dem Versandhaus Quelle und dem Reiseveranstalter Thomas Cook, sind nur noch Bruchstücke übrig.

Diese Unternehmen haben es nicht geschafft, Zukunftsstrategien zu entwickeln und effektiv umzusetzen. Stattdessen haben sie das Bestehende immer weiter optimiert – mit zum Teil anspruchsvollen Innovationen und großen Erfolgen. Allerdings hatten die Optimierungserfolge eine Kehrseite: Unbewusst haben Sie das Bestehende konserviert.

Eines dieser Unternehmen habe ich im Rahmen eines Projekts zur Entwicklung von Innovationen begleitet. Es war Thomas Cook Deutschland. Das Projekt war erfolgreich, doch letztlich waren die Innovationen damals ein Kampf gegen den Abstieg. Lebensverlängernde Maßnahmen. Es hätte einen Reset gebraucht: Wie lassen sich Reisebüros in einer Zeit retten, in der die Digitalisierung Umsatz und Gewinne immer weiter verkleinert? Wie lässt sich das Kernprodukt eines Unternehmens – beispielsweise die günstige Pauschalreise nach Mallorca – länger am Markt halten, während gleichzeitig digitale Anbieter automatisch bestehende Angebote am Markt bündeln und der Zeitgeist sich unaufhaltsam ändert?

Back to the 90s ...

Denken Sie bitte kurz zurück an Ihren letzten Pauschalurlaub. Sie haben über einen bekannten Reiseveranstalter gebucht und wurden nach der Landung mit dem Ferienflieger in ein Touristenhotel gebracht. Sie waren noch gar nicht richtig angekommen, da kam bereits die Einladung: Ein »Willkommensempfang mit der Reiseleitung.«

Als gelernter Pauschaltourist wussten Sie sofort: Oh Gott! Eine Werbeverkaufsveranstaltung. Der Ausflug in die Lederfabrik oder die Rundreise im überhitzten Bus mit Besuch eines »Original«dorfes der Ureinwohner. Oder der »einsame Traumstrand«, auf dem leider gerade zwanzig andere Touristengruppen den »schönsten Fleck der Insel« bevölkerten.

Jetzt überlegen Sie kurz. Wann genau war dieser Urlaub? Stimmt! Im Jahr 2021. Pauschalreisen sind immer noch das, was man liebevoll als »Back to the 90s« bezeichnen kann: Ein lebendiges Museum, wie Reisen früher einmal war.

- Schlange stehen am Check-in-Schalter des kostenoptimierten Billigfliegers,
- eine zweistündige Busfahrt von Hotel zu Hotel, bei dem alle anderen Urlauber abgesetzt wurden,
- der berüchtigte Empfang bei der Reiseleitung,
- der ausgedruckte Aushang wann es wieder zur Abholung geht
- und die noch längere Schlange beim Check-in am Flughafen der Urlaubsdestination.

Nicht zu vergessen die Souvenirs Made in China und die Animationsabende mit einheimischer Folklore. Diese Art des Pauschalurlaubs hat den klassischen Reiseveranstaltern jahrelang das Geschäft gesichert.

Doch die Digitalisierung bringt nicht nur neue technologische Möglichkeiten, sondern sie verändert Kundenbedürfnisse radikal. Airbnb ist nicht einfach nur ein Buchungsportal für Unterkünfte, es ist das Reiseprodukt des digitalen Lifestyles geworden. Die Pauschalreise in der heutigen Form wirkt hingegen wie ein Relikt aus analogen Zeiten. In einem Beitrag für das »manager magazin« habe ich 2019 die Situation von Thomas Cook kurz nach der Insolvenz analysiert.

Thomas Cook: Wie man vieles richtig machen und trotzdem scheitern kann

Es war zu Beginn der Zehnerjahre, dass ich mit Peter Fankhauser – damals Vorsitzender der Geschäftsführung der Thomas Cook Deutschland – und dem Topmanagement des Unternehmens Zukunftsstrategien entwickelt habe. Damals bereits war klar: Das Geschäft mit Pauschalreisen wird zunehmend schwieriger. Wenn man Peter Fankhauser, bis 2019 CEO von Thomas Cook, nicht vorwerfen kann, ist es, dass er dem tatenlos zugesehen hat. Das Topmanagement hat damals sehr viel richtig gemacht. Und ist trotzdem gescheitert. Wie passt so etwas zusammen?

Fankhauser war 2011 der Held der Tourismusbranche, weil er die niedrigen Margen im Pauschalreisegeschäft gerade gesteigert hatte. Das Tochterunternehmen Bucher Reisen war das interne Silicon Valley des Konzerns, dort wurden innovative digitale Lösungen entwickelt. Unter anderem hatte Fankhauser damals gerade eine disruptive Innovation gelauncht: Statt wie im analogen Zeitalter feste Hotelkontingente einzukaufen (und damit das Risiko zu erhöhen), wurden die Kontingente erst in der Sekunde eingekauft, in der Kunden eine Reise buchten.

Für damalige Verhältnisse war dieses Verfahren eine kleine Sensation. Auch, dass ein Touristikkonzern nicht nur Hotels vermitteln darf, sondern eigene Marken etablieren muss, hatte Thomas Cook erkannt. Die Folge: Der Reiseveranstalter launchte Sentido als eigenständige Hotelmarke. Mit Erfolg: Selbst kurz vor der Insolvenz hatte der Konzern angekündigt, den Anteil am Verkauf von unter zehn Prozent auf über dreißig zu steigern.

Fankhauser: »Immer hinter den nächsten Berg schauen«

Fankhauser war ursprünglich Offizier der Schweizer Armee und führte seinen Konzern entsprechend. »Du musst immer hinter den nächsten Berg schauen«, das war sein Leitmotiv. Wahrscheinlich deshalb hielt er sich bis zum Schluss an der Spitze des Konzerns. Fankhauser zögerte nicht, er packte an.

Doch ein Problem bekam er nicht in den Griff: Das Geschäftsmodell Pauschalreise ist keines, womit sich heute noch Geld verdienen lässt. Thomas Cook ist ein Opfer des radikalen digitalen Wandels geworden, der viel radikaler ist, als es sich viele vorstellen können. Die digitale Transformation beschränkt sich nicht nur auf die Frage des Vertriebsweges (in diesem Fall: online oder Reisebüro), sondern verändert das Konsumentenverhalten radikal. Stellen Sie sich vor, niemand würde mehr Autofahren wollen. Da hilft die größte Managementkunst in Automobilkonzernen wenig. Der Markt ist einfach weg. So ist es auch mit Pauschalreisen.

Die Geschichte der Pauschalreise

Warum eigentlich gibt es Pauschalreisen? Kaum eine Unternehmensgeschichte zeigt es eindrücklicher als die von Thomas Cook. Gegründet wurde der Konzern vom Baptistenprediger Thomas Cook, der 1841 das erste Mal eine Zugfahrt für fünfhundert Reisende (damals zu einem Treffen der Abstinenzbewegung) organisierte. Vierzehn Jahre später läutete er das Zeitalter des Pauschaltourismus ein, indem er für britische Touristen eine Europarundreise organisierte. Eine seiner größten Erfindungen war der Hotelvoucher, den Sie wahrscheinlich von vergangenen Urlaubsreisen noch kennen: Ein Stück Papier, auf dem stand, dass Sie tatsächlich ein bestimmtes Hotelzimmer gebucht haben.

Dieses Geschäftsmodell entstand in einer Zeit, in der Reisen und Reisebuchungen noch etwas waren, was nicht jeder Mensch tun konnte. Erinnern Sie sich kurz zurück an die Neunzigerjahre, als Sie entweder noch kein Internet hatten oder vor einem piependen Modem saßen. Konnten Sie da einfach ein Hotel in der Türkei buchen? Klar, Sie hätten die Auslandsauskunft anrufen und sich die Telefonnummer des Hotels geben lassen können. Sie hätten dort anrufen und per Fax ein Zimmer bestellen können. Aber das war kompliziert. Das Reisebüro um die Ecke war immer die einfachere Lösung. Die Kataloge waren bunt, die Buchung einfach.

Die Pauschalreise ist heute eine Problemlösung für ein Problem, das nicht mehr existiert. Und damit genauso ein Auslaufmodell wie das Faxgerät, das Warenhaus und die CD. Die beste Managementkunst hilft nichts, wenn das eigentliche Problem, das die Geschäftsgrundlage eines Unternehmens bildet, nicht mehr existiert.

Der einzige Vorteil, den klassische Reiseanbieter heute noch haben, ist der Preisvorteil. Wir buchen pauschal, weil es billiger ist. Genau das ist Thomas Cook zum Verhängnis geworden. Billiger bedeutet eben auch: weniger Marge.

Thomas Cook: So schmerzhaft war der digitale Wandel

Thomas Cook zeigt, vor welchen Herausforderungen Unternehmen angesichts des digitalen Wandels stehen: Sie müssen einerseits das Bestehende erhalten und es zugleich radikal zerstören. In meinem Buch »Digitale Gewinner« beschreibe ich diese sehr schwer zu meisternde Herausforderung.

Erfolgreiche Unternehmen schaffen es, den Widerspruch zu managen: Das Bestehende durch ständiges Optimieren so lange wie möglich am Leben zu erhalten und es zugleich durch etwas Neues zu ersetzen. Denn das Neue hat immer ein Problem: Niemand weiß so richtig, was dieses Neue eigentlich ist. Dazu ist Innovation mit einem hohen Risiko behaftet. Ob innovative Geschäftsmodelle jemals Gewinne abwerfen, ist fraglich. Dazu erfordert die Entwicklung radikaler neuer digitaler Geschäftsmodelle häufig ein komplettes Umdenken.

Tourismuskonzerne sind im Kern Logistikunternehmen, die Kapazitäten einkaufen, schick verpacken und an Touristen weiterverkaufen. Genau darin besteht ihr Know-how. Innovationen entwickeln? Disruptive digitale Lösungen erfinden? Das fällt schwer.

So wie der Tourismusbranche geht es inzwischen vielen Unternehmen: Sie sind gezwungen, ihre bestehenden Geschäftsmodelle radikal zu überdenken, ohne zu wissen, was das Neue sein könnte, wie und ob sich das Neue überhaupt rechnet und welche Kompetenzen sie dafür benötigen.

Dass Thomas Cook die Digitalisierung verschlafen hat, kann man Fankhauser nicht vorwerfen. Gescheitert ist Thomas Cook vielmehr daran, dass es nicht gelungen ist, den Widerspruch zu managen. Denn mit aller Managementkunst lässt sich ein Geschäftsmodell, das sein Fundament verliert, nicht mehr retten.

Teil 2 – Die größten Fehler beim Management des radikalen Wandels

Ich möchte Ihnen auf den folgenden Seiten die größten Fehler, die Unternehmen beim Management des digitalen Wandels machen, am Beispiel eines fiktiven Unternehmens erklären. Nennen wir sie die Erfolgs- und Verwöhnt AG. Das Unternehmen stellt Elektronikgeräte aller Art her: Vom früher sehr häufig benutzten Diktiergeräte DICTOMAT über das vor allem bei Behörden beliebte Faxgeräte FAXOLUTION bis hin zum Farbfernseher OURTV.

Das Unternehmen gehörte in den vergangenen dreißig Jahren zu den weltweiten Pionieren der Elektronikindustrie. Mit FAXOLUTION gehörte es zu den ersten, die die neue Welt des Internets Anfang der Zweitausenderjahre in ihre Geräte integrierten. So war es beispielsweise möglich, eine E-Mail vom Faxgerät aus zu versenden und umgekehrt Faxe aus E-Mails zu generieren. DICTOMAT war lange Zeit der Standard für Managerinnen und Manager, die ihre Gedanken schnell und einfach diktieren und ihrer Assistenz zum Abtippen geben wollten. Das Gerät war eines der ersten, die von den früher üblichen Tonbändern und Kassetten auf einen integrierten Speicher umstellten. Und es war erstmals möglich, Diktate über die damals noch sehr junge Bluetooth Technologie direkt auf den Rechner zu spielen, ohne mühsam ein Kabel anzuschließen. Auch mit seinen Fernsehgeräten traf das Unternehmen den Nerv der Zeit. Modernste LED-Technologie, modernes Design und sogar eine Verbindung zum Internet. Damit konnte das Unternehmen über lange Zeit punkten. Und seine Geldautomaten waren die ersten, an denen Kunden auch Bitcoins abheben können.

Doch irgendwie verblasst der Glanz der Erfolgs- und Verwöhnt AG seit Jahren. Was ist passiert? Wie kommt es, dass ein eigentlich innovatives und fortschrittliches Unternehmen, das stark auf seine Kunden und Kundinnen hört, offenbar Schwierigkeiten hat, die Anforderungen der Zukunft umzusetzen?

In diesem Kapitel stelle ich Ihnen anhand der Erfolgs- und Verwöhnt AG die häufigsten Fehler vor, die Unternehmen, Abteilungen und Teams bei der Entwicklung von Zukunftsstrategien machen. Das beispielhafte Unternehmen ist dabei gar nicht so fiktiv wie Sie denken. Ich habe in den vergangenen zehn Jahren viele Unternehmen im Umbruch begleitet und mich mit dem Management dieser Unternehmen ausgetauscht.

An der einen oder anderen Stelle kann es sein, dass sich Personen wiedererkennen. Es ist aber nicht das Ziel, einzelne Personen zu diskreditieren, deshalb wird es keine Rückschlüsse auf Einzelne geben. Vielmehr möchte ich Ihnen anhand dieses – am Ende doch nicht ganz so fiktiven – Beispiels die zehn häufigsten Fehler bei der Entwicklung von Zukunftsstrategien vermitteln.

2.1 Fehler 1: Der Fokus auf Bewahren und Verbessern

Es liegt tief in unserer menschlichen Psyche, dass wir das, was wir einmal erarbeitet haben, ungern wieder aufgeben. Wir haben jahrelang an unseren persönlichen Kompetenzen, beispielsweise am Erlernen eines Computerprogramms, gearbeitet. Wir haben Organisationen aufgebaut, in der Entwicklung von Prozessen und Arbeitsabläufen steckt jahrelange Optimierung. Wir haben Produkte und Dienstleistungen entwickelt, die in der Vergangenheit erfolgreich waren und heute noch erfolgreich sind. Zurecht sind wir stolz auf das, was wir erreicht haben. Und genau das steht uns im Weg.

Egal ob Sie Zukunftsstrategien für sich selbst als Individuum, für Ihr Team, Ihre Abteilung, Ihr Unternehmen oder Ihre Organisation entwickeln, Sie beginnen zwangsläufig immer damit, das Bestehende erhalten zu wollen. Wären Sie anders, wären Sie ein hirnbiologisches Wunder.

Die Erfolgs- und Verwöhnt AG hat neue Mitbewerber in ihren Märkten über lange Zeit beobachtet. Doch der Fokus lag weiterhin auf dem Bestehenden. Draußen veränderte sich die Welt, drinnen fielen Sätze wie diese: »Unsere Kunden wollen das nicht.« »Damit kann man kein Geld verdienen.« »Das wird sich nicht durchsetzen.« Das von der Presse hochgelobte Start-up hat Schwierigkeiten beim Kundenservice? »Das ist doch klar, dass das nicht funktionieren kann. Wir haben seit Jahren einen viel besseren Kundenservice.«

Der Erfolgs- und Verwöhnt AG ging es so gut, dass das Unternehmen ein Immunsystem gegen Veränderungen aufgebaut hat. Auch wenn der Betriebsrat regelmäßig über zu lange Arbeitszeiten und zu geringe Gehälter schimpfte – eigentlich war das Unternehmen ein Wohlfühleldorado der Arbeitswelt. Sicher und reguliert mit einem hohen Bestandschutz. Im gesamten System befanden sich nur wenige, die es wirklich verändern wollten. Wenn sich Vorstand, das mittlere Management, der Betriebsrat und ein Großteil der Mitarbeiter und Mitarbeiterinnen in irgendetwas einig waren, dann in diesem: Bitte ganz viel Innovation. Aber ohne Veränderung. Das bestehende Wissen und die Erfahrungen der vergangenen Jahre werden konserviert statt erneuert.

2.2 Fehler 2: Ein falscher Blick auf neue Technologien

Jede Technologie lässt sich auf unterschiedliche Art und Weise einsetzen. Mit einer Kettensäge können Bäume gefällt, aber auch Kunstwerke aus Holz erschaffen werden. Sie können damit aber auch tragende Holzbalken einer Konstruktion durchsägen, wodurch die Kettensäge zu einem Instrument wird, dass das Bestehende einreißt.

Allgemeiner ausgedrückt: Die Technologie der Kettensäge können Sie nutzen,

- um die Effizienz bestehender Geschäftsmodelle zu erhöhen (Bäume schneller fällen, Arbeitskosten sparen, günstiger produzieren),
- Geschäftsmodelle zu optimieren und damit kundenfreundlicher zu gestalten (Kunstwerke schaffen) oder
- um bestehende Geschäftsmodelle zu ersetzen.

Wenn neue Technologien aufkommen und sich etablieren, gibt es drei unterschiedliche Sichtweisen:

- die kaufmännische,
- die kundenorientierte und
- die disruptive.

Ich möchte die drei Sichtweisen gerne an einem sehr plakativen Beispiel erläutern: virtuellen Währungen. Ich möchte Ihnen die drei unterschiedlichen Sichtweisen anhand des Bitcoins und der dahinterstehenden Technologie, der Blockchain, erklären. Im Kern können Sie mithilfe der Blockchain transferierbare Werteinheiten schaffen. Also: Sie speichern den Transfer eines Werts fälschungssicher mithilfe dieser digitalen Technologie.

Nehmen wir an, Sie wollen Ihrem Nachbarn den Wert einräumen, täglich eine Stunde länger als erlaubt Klavier zu spielen. Dafür schaffen Sie eine virtuelle Werteinheit, beispielsweise den BachCoin. Jedes Mal, wenn Ihr Nachbar eine Stunde länger als erlaubt Klavier spielt, transferiert er Ihnen einen BachCoin in Ihre virtuelle Geldbörse. Wenn sich zehn BachCoins angesammelt haben, macht er Ihre Wohnung sauber. Das gleiche machen zwei Familien von nebenan. Jedes Mal, wenn Familie Müller mit dem Hund von Familie Schulz Gassi geht, transferiert Familie Schulz einen GassiCoin an Familie Müller. Fünf GassiCoins entsprechen dem Wert von einmal Abwaschen. Sie haben also soeben zwei Kryptowährungen geschaffen. Nehmen wir an, Sie möchten lieber, dass Familie Müller zweimal bei Ihnen abwäscht, als dass ihr Nachbar einmal bei Ihnen sauber macht. Dann können Sie einen BachCoin gegen zwei GassiCoins tauschen. Ein erster Marktplatz für Kryptowährungen ist geboren.

In Wahrheit ist es viel komplexer. Aber das Grundprinzip ist genau das. (Eine ausführliche Erklärung finden Sie in meinem Buch »Digitale Gewinner«.) Auf die Wirkung dieser Technologie gibt es genau die gleichen drei Sichtweisen, die ich gerade am Beispiel der Kettensäge beschrieben habe.

Auch neigen Unternehmen dazu, mitunter nur den Blick auf mögliche negative Konsequenzen zu fokussieren. Es ist als hätte man bei der Erfindung des Rads nur die Gefahr gesehen, dass es ungebremst wegrollen kann.

Die kaufmännische Perspektive: Wie können wir Kosten sparen und mehr verdienen?

Die kaufmännische Sichtweise kennt nur eine Perspektive: Das Bestehende schneller, einfacher und damit preiswerter zu erledigen und – idealerweise – auch noch die Qualität zu erhöhen. Besser und billiger, das ist die Zauberformel der kaufmännischen Perspektive. Fragen bei der Betrachtung des Bitcoins und der Blockchain lauten deshalb beispielsweise:

- Wie viel Geld können wir sparen, wenn wir bei finanziellen Transaktionen künftig virtuelle Währungen einsetzen? Welche Kosten (Transaktionsgebühren, Gebühren für den Wechsel von Währungen et cetera) können wir senken?
- Wie können Informationen durch den Einsatz der Blockchain schneller, einfacher und revisionssicher dokumentiert werden? Wie können wir das, was bislang zum Beispiel als Frachtpapier existierte, in die Blockchain verlagern?
- Wie können wir interne Abrechnungen durch den Einsatz einer gemeinsamen digitalen Verrechnungseinheit (Schaffung einer eigenen unternehmensinternen digitalen Währung) vereinfachen?

Die kaufmännische Perspektive rüttelt nicht am Bestehenden. Im Gegenteil: Das Bestehende gilt es zu erhalten. Neue Technologien werden als Möglichkeit angesehen, das Bestehende noch länger am Markt zu halten.

Die Entwicklung eines Bitcoin-Geldautomaten war für die Erfolgs- und Verwöhnt AG deshalb zum Teil auch kaufmännisch getrieben. Denn der Transport von Bargeld ist aufwendig und teuer. Und immer wieder gibt es Probleme, beispielsweise, dass Kriminelle die Automaten aus der Bank reißen, um an das Geld zu kommen. Einen Geldautomat zu betreiben, ohne dabei die teure und aufwendige Bargeldversorgung managen zu müssen, das erschien dem Unternehmen als ein wahrer Kostenkiller.

Die kundenorientierte Perspektive: Wie können wir neue Angebote entwickeln?

Bei dieser Perspektive geht es darum, neue Kundenerlebnisse zu schaffen: neue Services, einen gefühlten Mehrnutzen oder einfach nur eine schönere und moderne Verpackung des Bestehenden. Der Bitcoin-Geldautomat war am Anfang nicht mehr als ein Marketinggag. »Dein Gehalt in Bitcoin auszahlen lassen? Kein Problem.« Diese Strategie verfolgte die Erfolgs- und Verwöhnt AG im Hinblick auf Kunden. Typische Fragen aus der kundenorientierten Perspektive lauten:

- Wie können wir durch die Nutzung des Bitcoin neue Kunden und Kundinnen gewinnen?
- Wir können wir für unsere bestehenden Produkte einen attraktiven Zusatznutzen schaffen?
- Wir können wir den Bitcoin in der Werbung einsetzen?

Wie auch bei der kaufmännischen Perspektive geht es nicht darum, Märkte oder das Unternehmen nachhaltig zu verändern, vielmehr geht es darum, das Kundenerlebnis nachhaltig zu verändern und neu zu denken.

Die marktverändernde Perspektive: Wie können wir das Bestehende durch etwas Neues ersetzen?

Die marktverändernde Perspektive strebt danach, bestehende Strukturen nicht nur zu optimieren oder kundenfreundlicher zu gestalten, sondern sie komplett einzureißen und durch neue zu ersetzen. Beispiele dafür kennen wir genug:

- Amazon und der Einzelhandel,
- Musik und Filme im Abo streamen statt CDs und DVDs zu verkaufen,
- Smartphone statt Handy et cetera.

Bei der marktverändernden Perspektive geht es nicht nur darum, das Bestehende zu optimieren und kundenfreundlicher zu machen, sondern die Strukturen radikal neu zu denken. Typische Fragen aus der marktverändernden Perspektive lauten:

- Wie können wir die gesamten Strukturen bestehender Unternehmen (Produkte, Services, Geschäftsmodelle, Organisationsaufbau) durch die neue Technologie komplett ersetzen?
- Wie können wir ein komplett neues Angebot schaffen, das es am Markt vorher so nicht gegeben hat?
- Wie können wir zum Pionier werden und neue Märkte aufbauen?

Die marktverändernde Perspektive trägt das in sich, was der österreichische Wirtschaftswissenschaftler Joseph Alois Schumpeter (1883 bis 1950) »schöpferische Zerstörung« nannte. Diese Perspektive hat die Erfolgs- und Verwöhnt AG übersehen. Denn wer braucht schon einen Geldautomaten für den Transfer von Bitcoins? Die virtuelle Währung wurde ja gerade entwickelt, um Banken zu umgehen. Nicht, um für sie ein neues Geschäftsmodell zu entwickeln.

Welche Perspektive ist die richtige?
Alle drei Perspektiven sind bei der Betrachtung neuer Technologien wichtig. Es gibt kein »oder«, sondern nur ein »und«. Denn die ersten beiden Sichtweisen limitieren uns auf das Bestehende. Es findet kein wirklicher Reset statt.

Während sich die Vertreter der kaufmännischen und der kundenorientierten Perspektive damit auseinandersetzen, mithilfe neuer Technologien das Bestehende zu erhalten, sind andere dabei, das Werk der schöpferischen Zerstörung voranzutreiben. Während sich Bankvorstände darüber Gedanken machen, den Bitcoin zu nutzen, um junge Kunden und Kundinnen für das bestehende Produktportfolio zu begeistern, arbeiten andere daran, Banken zu zerstören und zu ersetzen. Während die einen versuchen, bestehende Strukturen mithilfe neuer Technologien effizienter zu machen, arbeiten andere daran, diese Strukturen zu zerstören.

Nicht immer gelingt das. Doch wenn es gelingt, reiben sich diejenigen, die Innovationen aus der ersten und zweiten Perspektive heraus vorangetrieben haben, verwundert die Augen. Für einen Reset braucht es alle drei Perspektiven. Die Bereitschaft, das Bestehende nicht nur zu optimieren oder schöner zu machen, sondern es radikal neu zu erfinden.

2.3 Fehler 3: Innovation kann warten – Wir haben gerade andere Themen

Es ist ein kalter, sonniger Januarmorgen. Das Innovationsteam der Erfolgs- und Verwöhnt AG trifft sich zum Auftaktworkshop eines neuen Projekts. Die Produktion soll umgestellt werden: Nachhaltiger durch die Senkung des CO_2-Ausstoßes, mehr Automatisierung, weil der Markt für Fachkräfte leer gefegt ist, höherer Digitalisierungs- und Vernetzungsgrad.

Die Ziele sind klar definiert, die handelnden Personen bestimmt, der Zeitplan ist ambitioniert, aber machbar. In sechs Monaten soll das Konzept der neuen Produktionsanlage stehen. Die Hauptversammlung hat beschlossen, die notwendigen finanziellen Mittel bereitzustellen.

Es ist Anfang Februar. Die Erfolgs- und Verwöhnt AG erhält einen Großauftrag. Diejenigen, die an der Erarbeitung eines innovativen Konzepts beteiligt waren, werden woanders gebraucht. Dringend. Zudem hat eine Grippewelle das Unternehmen erfasst, zwanzig Prozent der Belegschaft in der Produktion sind krank. Das Projekt wird unterbrochen. Sechs Wochen später ist der Auftrag abgearbeitet. Das Unternehmen meldet ein erfolgreiches erstes Quartal.

Die Terminsuche beginnt, um einen Termin zu finden, an dem sich das Projektteam erneut treffen kann. Das Problem: Ostern. Die Hälfte des Projektteams ist im April zunächst für eine Woche auf einer Fachmesse, anschließend für vierzehn Tage im Urlaub. Das nächste Treffen findet Anfang Mai statt.

Inzwischen gab es eine Vorstandssitzung, auf der das Projekt noch einmal grundsätzlich infrage gestellt wurde. »Wir haben gesehen, dass unsere Schwachstelle der Vertrieb ist«, sagt einer der Vorstände. »Der Großauftrag vom Februar war das Ergebnis einer guten Vertriebsarbeit. Hier sollten wir zunächst ansetzen.«

Als sich im Mai das Innovationsteam erneut trifft, ist das Projekt »depriorisiert«. Dieser Begriff klingt so, als wäre nur eine kleine Veränderung vorgenommen wurden. In Wahrheit ist das Projekt auf dem Abstellgleis. Das Team wird von fünf auf zwei Personen reduziert. Statt eines konkreten Konzepts werden im Herbst erste Rechercheergebnisse über Umsetzungsmethoden erwartet. Gleichzeitig wird der Fokus auf den Vertrieb gelegt.

Dieses Beispiel zeigt, welchen schwierigen Spagat Unternehmen gehen müssen, die ihre besten Beschäftigten (und meistens sind es die besten) dafür abstellen, das operative Geschäft zu verlassen und sich voll und ganz auf Innovation zu konzentrieren. Tatsächlich bedeutet Innovation zunächst einmal Verzicht. Egal ob Sie eine Strategie für nachhaltige Geschäftsmodelle erarbeiten, Digitalisierungskonzepte erarbeiten oder bestehende Prozesse im Hinblick auf Automatisierungspotenzial analysieren – Sie verzichten auf die Menschen, die Sie für Ihr operatives Geschäft am dringendsten brauchen.

Und hier ist die Falle: Es wird verschoben. Und verschoben. Und verschoben. Kleine Erfolge werden als große Innovationen gefeiert. Am Ende ist es jedoch nur Baldrian. Damit verliert das Unternehmen Stück für Stück an Wettbewerbsfähigkeit.

2.4 Fehler 4: Aus schnellen Prototypen werden Monsterprojekte

»Wir wollen neue Wege gehen. Anders denken. Schnell und agil werden.« Das ist das Leitmotiv der Topmanagement-Tagung der Erfolgs- und Verwöhnt AG. Gerade sind die Beteiligten von einem Kongress zurückgekommen. Geschwindigkeit und Agilität, das waren die beherrschenden Themen. »Lasst uns einfach Dinge einmal ausprobieren. Sehen, ob es funktioniert. Lasst uns handeln wie ein Start-up.«

Die Suche nach geeigneten Partnern beginnt. Hochmotivierte Verantwortliche des Unternehmens beginnen zu telefonieren. »Wir möchten am liebsten heute noch ein Pilotprojekt starten, um zu testen, ob dieses Thema ein künftiges Geschäftsmodell für uns ist. Die wichtigsten Faktoren für uns sind Geschwindigkeit, Flexibilität und Lernerfolge. Wir möchten die ersten im Markt sein, die herausbekommen, was funktioniert und aus Fehlern schnell lernen. Können wir in ein bis zwei Monaten starten?«

Das war der Plan. Achtzehn Monate später ist aus dem kleinen, schlanken Piloten ein Monsterprojekt geworden. Die IT, der Datenschutzbeauftragte, der Einkauf, das Marketing und weitere Fachabteilungen sind involviert. Aus »Können wir nächsten Monat starten?« ist ein mehrstufiges Ausschreibungsverfahren geworden. Es umfasst inzwischen siebzehn Dokumente. Die Anhänge tragen Namen wie Governance IT, Template RV Time_and_Material, Anlage_4_Ratecard und DIU FCN LS02. Es sind mehr als zweihundert Seiten.

- Der Nachhaltigkeitsbeauftragte lässt sich ausführlich erklären, wie die potenziellen künftigen Partner das Konzept der Klimaneutralität umsetzen und welche Schritte sie in den kommenden Jahren planen, um ihre CO_2-Bilanz weiter zu verbessern.

- Die Konzernjuristin verhandelt darüber, wer im Falle von Datenschutzinspektionen im Rechenzentrum die Tagessätze der Prüfer bezahlt.
- Die IT-Abteilung weigert sich, eine Lösung zu akzeptieren, die nicht im Rechenzentrum des Unternehmens gehostet wird. Und weist der Vollständigkeit halber darauf hin, dass in den nächsten zwölf Monaten keine Ressourcen für die Implementierung zur Verfügung stehen.

Um dem Ausschreibungsverfahren nicht im Weg zu stehen, fordern sie einen Implementierungsplan für die Umsetzung an, in der alle potenziellen Partnerunternehmen sämtliche notwendigen Kapazitäten und Prozessschritte für sechs Monate einzeln beschreiben sollen. Die Rückfrage eines Bieters, in der Ausschreibung werde doch ausdrücklich eine Cloud-Lösung gesucht, beantwortet die IT mit den Worten: »Gemäß unserer internen Richtlinien sind Cloud-Lösungen nicht zulässig.«

Nicht nur die ersten potenziellen Partner, auch die ersten Kunden, die achtzehn Monate zuvor von dem Projekt begeistert waren, haben sich entnervt aus dem Verfahren zurückgezogen. Doch es geht unbeirrt weiter voran. Ausschreibung ist Ausschreibung. So sehen es die Richtlinien vor. Das Projekt ist Schritt für Schritt zu einem bürokratischen Monster verkommen. Gemessen an den mutigen Plänen, die zuvor aufgestellt wurden, ist die Erfolgs- und Verwöhnt AG keinen Schritt vorangekommen.

Und doch sind alle Beteiligten zufrieden. Denn sie alle machen – oberflächlich betrachtet – alles richtig.

- Der Einkauf hat eine auf digitale Ausschreibungsprozesse spezialisierte Beratung engagiert, die streng darauf achtet, dass alle internen Richtlinien erfüllt werden. Und die nebenbei jede Verkomplizierung des Einkaufsprozesses mit hohen Tagessätzen in Rechnung stellt.

- Die IT-Abteilung hat die Richtlinien, wonach Cloud-Lösungen im Unternehmen nur in Ausnahmefällen akzeptiert werden, erfüllt, indem sie strengste Prüfkriterien entwickelt und umgesetzt hat.
- Der Nachhaltigkeitsbeauftragte hat das getan, wozu er sich nach den gesetzlichen Vorschriften über die Erstellung von Nachhaltigkeitsberichten verpflichtet fühlt.
- Die Marketingabteilung hat ihre langjährige Strategie, zunächst ein Marktforschungsinstitut mit der Analyse von Kundenbedürfnissen zu beauftragen, erfolgreich umgesetzt. Eine Studie wurde in Auftrag gegeben.

Die Preise des Projekts sind inzwischen explodiert. Lagen die ursprünglichen Schätzungen für den schnellen Prototypen noch bei einem mittleren fünfstelligen Betrag, haben sie sich inzwischen verzehnfacht. Es erinnert an die Hamburger Elbphilharmonie. Was trotz allem auch die Anbieter zufrieden macht. Weil die Anforderungen mit jedem Ausschreibungsschritt gewachsen sind, waren auch sie an ihr ursprüngliches Angebot nicht mehr gebunden. Sie konnten schließlich einen mehrjährigen Vertrag heraushandeln. Im Gegenzug ließen sie zwanzig Prozent nach.

Alle sind zufrieden. Doch was verliert die Erfolgs- und Verwöhnt AG?

Eigentlich könnte man sagen: Ziel erreicht. Die Erfolgs- und Verwöhnt AG hat etwas ausprobiert, war mutig und hat erkannt, dass das Geschäftsmodell in der ursprünglich geplanten Form nicht funktioniert. Nach knapp vier Jahren ist das Unternehmen dort angekommen, wo es eigentlich nach vier Monaten hätte sein sollen. Doch nach wie vor sind alle Beteiligten mit dem Ergebnis zufrieden. Denn niemand hat etwas falsch gemacht. Heißt das: alles perfekt?

Es liegt ein Verdacht nahe: Wenn alle im Unternehmen alles richtig machen, bewegt sich wenig. Das, was die Erfolgs- und Verwöhnt AG im operativen Geschäft erfolgreich macht, verhindert Innovation. Die gleichen Richtlinien und Vorgaben, die gleichen Strukturen und Zuständigkeiten, die die Organisation zur Spitzenleistung bringen, verhindern den Fortschritt.

Bei der Umsetzung von Strategien müssen Unternehmen permanent abwägen: Geschwindigkeit versus Genauigkeit.

- Ist es für die Umsetzung eines schnellen prototypischen Projekts erforderlich, die Nachhaltigkeitsstrategien aller Beteiligten sorgfältig zu prüfen?
- Braucht die IT genaue Implementierungs- und Ressourcenpläne für die nächsten achtzehn Monate, wenn das Projekt nach sechs Monaten möglicherweise schon wieder beendet ist?
- Und ist es wirklich erforderlich, zunächst eine spezialisierte Beratung für die Ausgestaltung eines Ausschreibungsverfahrens zu suchen?

Für Unternehmen wie die Erfolgs- und Verwöhnt AG ein Spagat, der einen permanenten Reset erfordert. Was ist wichtiger? Wollen wir für die Durchführung eines schnellen prototypischen Projekts die gleichen Anforderungen gelten lassen wie für die Einrichtung eines Hochsicherheitsrechenzentrums?

Genauigkeit hat einen Preis. Geschwindigkeit. Stellen Sie sich vor, was passiert wäre, wenn die Erfolgs- und Verwöhnt AG bereits nach vier Monaten für ein Zehntel des Preises eine höhere Lernkurve gehabt hätte? Wie viele personelle und materielle Ressourcen wären frei gewesen, um den nächsten Schritt zu gehen?

2.5 Fehler 5: In die »Sunk Costs Trap« hineingetappt

Ein Reset ist im Kern zunächst nichts weiter als eine schonungslose Bestandsaufnahme des Bestehenden, kombiniert mit der Bereitschaft, das über Bord zu werfen, was nicht mehr funktioniert und durch das zu ersetzen, was den Herausforderungen angemessen erscheint. Man könnte dafür auch einige andere Sprichwörter bemühen:

- »Alte Zöpfe abschneiden« oder
- »Neue Besen kehren gut«.

Statt das Bestehende kontinuierlich fortzuentwickeln, werden Strategien von Grund auf neu gedacht. Klingt einfach in der Theorie, ist aber in der Praxis anspruchsvoll. Warum? Weil wir immer wieder in die gleiche Falle hineinlaufen: Eine Falle, die im Amerikanischen »Sunk Costs Trap« genannt wird. Die Furcht, sich einzugestehen, dass die Ressourcen (Zeit, Geld, Materialien, Kreativität et cetera) falsch investiert waren. Oder dass das, was man in den vergangenen Jahren mühsam aufgebaut hat, nicht mehr zu den Herausforderungen der Zukunft passt.

Beispiel: Die Falle schnappt beim Schreinerbetrieb zu
Nehmen wir an, Sie besitzen einen Schreinerbetrieb und haben sich eine wunderbare Stichsäge gekauft. Nicht irgendeine, sondern ein wirklich teures und gutes Modell. Sie haben Kurse besucht, wie diese Stichsäge am besten zu bedienen ist, welches Sägeblatt für welche Holzart am geeignetsten ist und wie sich Ihre Stichsäge am effizientesten in Produktionsprozesse integrieren lässt. Jetzt erhalten Sie einen neuen Auftrag: Es geht darum, den Innenausbau eines Kunden durch Holzarbeiten voranzubringen. Sie werden nach einer Konzeption gefragt, Sie sollen ein Angebot abgeben.

Jede Wette, dass Sie zuerst an Ihre Stichsäge denken. Schließlich war sie teuer, die Kurse haben Sie viel Zeit gekostet. Sie betrachten jede neue Herausforderung aus Sicht von Stichsägenexperten oder -expertinnen.

Das ist die »Sunk Costs Trap«. In Ihrem täglichen Leben finden Sie unzählige Beispiele für diese Falle.

Vor fünf Jahren hat Ihr Unternehmen eine mächtige, aber kompliziert zu bedienende Software angeschafft. Sie haben nicht nur gelernt, diese Software zu bedienen, sondern Sie haben zwei Zertifikatslehrgänge mit Bravour bestanden. Sie kennen das Tool und haben enge Kontakte zum Entwicklerteam. Einige Ihrer Ideen stecken sogar in der Weiterentwicklung der Software. Jetzt bekommen Sie eine neue Aufgabe. Instinktiv spüren Sie, dass die Software, die Sie seit Jahren erfolgreich nutzen, für diese Aufgabe viel zu komplex ist. Natürlich ahnen Sie, dass es wenig sinnvoll ist, Ihre Kollegen und Kolleginnen einzuarbeiten. Doch bei der Suche nach einer neuen Lösung sind Sie im Kopf nicht frei. Es ist, als wenn ein kleiner Teufel Ihnen sagt: »Soll all die Anstrengung umsonst gewesen sein? Ist das der Anfang vom Ende der komplexen Software? Werden deine Zertifikate irgendwann wertlos sein?«

Beispiel: Der Frankfurter Büroturm
Sie sind im Vorstand eines großen Konzerns tätig. Gerade haben Sie stolz Ihre neue Firmenzentrale eingeweiht. Ihr Unternehmen hat damit einen festen Platz in der Frankfurter Skyline gefunden. Seit der Coronakrise arbeiten immer mehr Ihrer Beschäftigten von zu Hause aus. Bei einer schonungslos offenen Bestandsaufnahme müssten Sie sich eingestehen, dass das neue Bürogebäude zwar perfekt zu den Herausforderungen der letzten Jahre passte, aber nun eigentlich überdimensioniert ist. Jetzt geht es darum, eine neue Geschäftseinheit aufzubauen. Bei der Frage nach dem Standort haben Sie sofort die Vorteile von Frankfurt am Main im Kopf: Nähe zur Börse, traditionsreicher Finanzplatz, gute Erreichbarkeit per Bus und Bahn. Jede Wette, Sie denken über die Vorteile

von Frankfurt nach. Nicht über die Nachteile. Denn das würde bedeuten, dass die Investitionen in Ihr Bürogebäude möglicherweise umsonst waren. Das kann nicht sein! Das darf nicht sein! Willkommen in der »Sunk Costs Trap«.

Diese Falle verhindert, dass Sie eine Bestandsaufnahme des Bestehenden wirklich schonungslos machen. Dass Sie so lange wie möglich das Bestehende erhalten wollen, auch wenn Sie instinktiv spüren, dass es nicht mehr angemessen ist.

Sie sind Automobilhersteller und wollen ein neues Elektroauto konzipieren? Sie können es gar nicht verhindern: Im Hinterkopf haben Sie immer die Frage: »Wie können wir möglichst viel von unserem Know-how bei der Produktion von Verbrennungsmotoren in die neue Technologie überführen?« Der Gedanke an sich ist gerechtfertigt. Problematisch wird es, wenn diese Denkfalle Sie daran hindert, wirklich effektiv Neues zu denken und umzusetzen.

In diesem Buch werden Sie noch weitere Denkfallen kennen lernen, in die Sie unbewusst häufiger hineintappen als es Ihnen lieb ist. Und die Sie effektiv daran hindern, wirklich neu zu denken.

2.6 Fehler 6: Der mangelnde Glaube

Uber ist ein Phänomen. Im Juli und August 2021 meldete das Unternehmen erstmals einen operativen Gewinn – mehr als zehn Jahre nach seiner Gründung. Bis dahin verbrannte Uber Milliarden an Dollar. Jede Bäckereikette, jeder Maschinenbauer und jeder Autohersteller wären mehrfach bankrott bei diesen Geschäftszahlen. Nach dem traditionellen Maßstab der rückwärtsgewandten Unternehmensbewertung ist Uber eines der wertlosesten Unternehmen der Welt. Doch bei Technologieunternehmen zählt das nicht. Es zählen Wachstum und eine mögliche goldene Zukunftsperspektive. Eine Zuhörerin fragte mich während einer meiner Keynotes: »Glauben Sie eigentlich an Uber?« Damit brachte sie es besser auf den Punkt, als es klassische Börsenanalysten tun: Denn Uber ist wie viele andere junge Unternehmen vor allem eine Glaubensfrage. Investieren oder nicht – das hat mehr mit Religion, als mit Wirtschaftswissenschaft zu tun.

Glaubenssatz 1: Uber ist vollkommen unterbewertet

Uber ist nicht einfach nur ein Unternehmen, sondern das Symbol für die Digitalisierung der Mobilität. Selten hat es ein Unternehmen geschafft, innerhalb kürzester Zeit das Verhalten von Menschen so sehr zu verändern, wie es Uber tut. Gigantische Wachstumszahlen in Metropolen wie New York und San Francisco. Und auch in Deutschland, im Herzen der Taxilobby, beginnen althergebrachte Monopole zu wanken. Durch Dienste wie Uber Eats zeigt das Unternehmen, dass es Mobilität ganz neu denkt. Ob der Kunde zum Restaurant fährt oder das Essen vom Restaurant zum Kunden – es sind letztlich nur zwei Seiten ein und desselben Anwendungsfalls. Uber wird zudem einer der Vorreiter des autonomen Fahrens werden. Und durch seine gigantischen Bedarfe sogar die Produktionsketten klassischer Automobilhersteller beeinflussen oder sogar diktieren. Man könnte sagen: Selbst der Ausgabekurs der Uber-Aktie war drastisch unterbewertet. Angesichts des riesigen Potenzials ist Uber eine heiße Kaufempfehlung.

Glaubenssatz 2: Uber ist vollkommen überbewertet

Man muss Uber anrechnen, dass das Unternehmen ein Pionier ist. Dummerweise unterscheidet sich das Geschäft der Mobilität drastisch von dem anderer Technologiegeschäftsmodelle. Websuche à la Google ist ein weltweites Geschäft. Grenzenlos. Die Suche nach Ferienwohnungen über Airbnb ebenfalls. Und auch das Geschäft mit Videostreaming (Netflix, Amazon Prime) ist ein globales. Transport jedoch nicht. Selbst in den angestammten Märkten hat Uber starke Konkurrenz. Und in Deutschland sind die Märkte jetzt bereits deutlich härter umkämpft als in vielen amerikanischen Metropolen. FREENOW (ehemals mytaxi), Flinkster, nextbike (im November 2021 von Tier Mobilty übernommen) und Lieferando dominieren die Märkte von Uber bereits heute. Klar, das Unternehmen expandiert. Aber bereits in Hamburg und Hannover wartet der VW-Fahrdienst Moia, der angekündigt hat, ab 2025 in Hamburg autonom fahrende Fahrzeuge einzusetzen. Und die ersten geben schon wieder auf, so beispielsweise Clevershuttle in Leipzig. Das Unternehmen stellt den eigenwirtschaftlichen Betrieb Mitte Januar 2022 ein und agiert nunmehr als Partner für Städte, Landkreise und öffentliche Verkehrsunternehmen. Uber versucht geradezu panikartig, Geschäftsfelder in diesen unterschiedlichen Mobilitätsszenarien aufzubauen. Und ist damit keine Wette für die Zukunft.

Ein Investment in Uber ist ein Glaubensbekenntnis

Egal wie sehr Sie diskutieren und analysieren, am Ende werden Sie meistens zum gleichen Ergebnis kommen: Man muss an die Uber Story glauben oder eben nicht. Dass sich Mobilität in den nächsten zehn Jahren schneller und radikaler verändern wird als in den letzten fünfzig, dazu braucht es keine prophetischen Fähigkeiten mehr. Die Anfänge dieser Veränderung sehen wir jetzt bereits täglich um uns herum. Ob Uber die dominierende Kraft der künftigen Mobilität sein wird, ob es überhaupt eine dominierende Kraft in diesem Geschäft gibt oder ob Mobilität letztlich ein lokales Geschäft bleibt, das ist aktuell eine Glaubensfrage. Schaut man die Veränderung an, die beispielsweise klassische Automobilhersteller gerade durchlaufen, wird deutlich, dass der Kampf um Marktanteile für Uber kein einfacher sein wird. Und selbst wenn die Automobilhersteller zu langsam sein sollten, warten in vielen Metropolen bereits Start-ups, die dort Marktanteile und einen Kundenstamm aufbauen. Uber wird in diesen Regionen oder Städten vor der gleichen Situation stehen wie es andere tun: Sie müssen sich irgendwann Wachstum dazu kaufen.

Innovation und Transformation brauchen starke Glaubenssätze. Bei aller Excel-Ökonomie und allen wirtschaftswissenschaftlichen Analysen ist es das, was innovatives Unternehmertum antreibt: Der Glaube daran, die Zukunft zu gestalten.

Teil 3 –
Reset your Strategy

3.1 Entwickeln Sie Zukunftsstrategien, die wehtun

Strategieentwicklung hat in den vergangenen Jahren eine interessante Entwicklung durchgemacht. Ende der Neunzigerjahre war es eine routinierte Pflichtübung. Die Digitalisierung stand noch nicht auf der Agenda, Nachhaltigkeit und Klimaschutz waren etwas für grüne Spinner, Personal war primär ein Kostenfaktor. Das Mantra der Neunzigerjahre lautete: Verlagerung der Produktion in Billiglohnländer, geringe Auflagen, Effizienz um jeden Preis. Also: weiter so.

Sicher, es gab da ein paar merkwürdige Entwicklungen im Silicon Valley, aber kein Grund zur Nervosität. 1998 ging erst jeder zehnte Deutsche regelmäßig ins Internet. Onlineshopping war eine Nische, nur dreizehn Prozent aller Befragten der ARD-ZDF-Medienstudie sahen darin einen Anwendungsfall. Auch hier: weiter so.

Die ersten Opfer der Strategie des »Weiter so« wurden Anfang der Zweitausenderjahre sichtbar. Nokia, mit dem 6310 (das es übrigens heute als Retro-Gerät wieder gibt) der ungeschlagene Held der Handyproduzenten – plötzlich vom Markt weggefegt. Die Schließung der letzten Hertie-Filialen in den Innenstädten – ein erster Vorbote darauf, dass »Weiter so« künftig schwierig sein könnte. Getrieben von der Angst, das gleiche Schicksal wie Nokia zu erleiden, begannen sich selbst Unternehmen mit Innovation auseinanderzusetzen, für die das Thema vorher kaum relevant war.

Innovation bei Banken und Versicherungen, Innovation im Einzelhandel, Innovation in der öffentlichen Verwaltung – das war Neuland (und ist es zum Teil bis heute). Innovation war bis dahin primär technische Entwicklung. Der deutsche Maschinenbau – das war Innovation, aber nicht die anderen.

Ungefähr ab 2010 wurden Innovationsstrategien entwickelt, Innovationsmanager und -managerinnen wurden eingestellt, Konzepte wie die Blue Ocean Strategie machten Karriere. Und doch hatte Innovation etwas Exotisches an sich. Es war nicht wirklich notwendig. Ging doch.

Außer in den klassischen Innovationsbranchen wie Hightech oder Maschinenbau hatte Innovation so gut wie keine Bedeutung für das Topmanagement. Wir haben damals mit vielen dieser neu gegründeten Abteilungen zusammengearbeitet. Das Topmanagement besuchte sie gerne. Doch viele der Ergebnisse versandeten.

Die Anfänge: Innovation ohne wirkliche Veränderung

Beispiel: Eine deutsche Bank

Zu dieser Zeit arbeitete ich mit den Future Labs einer großen deutschen Bank zusammen. Die Aufgabe: Die Bankfiliale der Zukunft zu erfinden. Die Teilnehmer und Teilnehmerinnen analysierten Kundenbedürfnisse, Trends und technologische Entwicklungen. Sie setzen sich mit Kostenstrukturen des bestehenden Filialsystems auseinander. Und sie entwarfen mutige Konzepte, mit denen die Filiale der Zukunft eine vollkommen neue Bedeutung erhalten sollte.

Das Ergebnis war ernüchternd: Eigentlich sollten die Future Labs nur einen Plan umsetzen, den der Vorstand bereits zuvor beschlossen hatte. Beratungsteams sollten künftig stehen, statt zu sitzen, eine Kinderspielecke für die Kleinen und kostenloses WLAN. Innovation gerne. Aber nur so lange alles so bleibt wie es ist: gleiche Zuständigkeiten, gleiche Struktur, gleiches Organigramm.

Diese Innovationsstrategien waren zwar kein »Weiter so« wie in den Neunzigerjahren mehr, aber vielfach Innovationstheater. Häufig ohne nachhaltige Wirkung.

Mitte der Zehnerjahre wurde die digitale Transformation mehr und mehr zum beherrschenden Hauptthema. Manchmal wechselte Innovation auch einfach seinen Namen. Aus dem Innovationsmanagement wurde die Stabstelle Innovation und Digitalisierung.

Zugleich veränderte sich etwas: Plötzlich waren alle Teams, alle Abteilungen und alle Bereiche von Organisationen betroffen. Es war die Stunde der CDOs, der Chief Digital Officers. Stabsstellen, die sich primär mit den Anforderungen der Digitalisierung und mit den Auswirkungen auf die Organisation auseinandersetzten. Eine Reihe dieser Stellen – wurden direkt mit IT-Verantwortlichen besetzt. Das schien logisch. Denn die IT kannte sich mit digitalen Lösungen vermeintlich aus.

Reset! Ein neues Verständnis von Strategie entsteht

Inzwischen hat sich das Verständnis von Innovation und Digitalisierung weiter entwickelt. Strategien umfassen gleichermaßen die Entwicklung neuer Produkte und Services, neue Organisationsstrukturen und Kompetenzen, neue Lieferanten- und Partnerbeziehungen. Mehr und mehr wird dabei deutlich: Auch die Methode der Strategieentwicklung verändert sich.

Unternehmen, die früher aus klaren Strukturen, Abteilungen und Geschäftseinheiten, Zuständigkeiten und Prozessen bestanden, werden mehr und mehr zu einem Flickenteppich unterschiedlicher Einheiten, die jeweils andere Wettbewerbssituationen, einen anderen Veränderungsdruck, andere Ziele und andere Managementmethoden haben.

Das Team eines internen Start-ups, das mit agilen Methoden Grundbausteine einer künftigen Softwarelösung entwickelt, existiert parallel zur durchorganisierten Abteilung, in der festgelegte Prozesse routiniert befolgt werden.

Strategieentwicklung – noch in den Zehnerjahren in vielen MBA-Kursen als Top-down-Prozess gelehrt – wird zunehmend Top-down und Bottom-up durchgeführt. Es ist wie die Frage nach der Henne und dem Ei. War es zuerst die Strategie des Topmanagements, die zu Projekten führte? Oder waren es erfolgversprechende Projekte, aus denen eine Strategie wurde? – Beides widerspricht sich nicht.

Beispiel Schunk Group: Unterschiedliche Innovationsstrategien in einer Gruppe

Unternehmen wie die Schunk Group aus Heuchelheim, führender Anbieter technischer Produkte aus Hightech-Werkstoffen wie Kohlenstoff, technischer Keramik und Sintermetall, arbeiten genauso. Die Unternehmensgruppe besteht aus mehr als sechzig internationalen Einzelunternehmen, die unterschiedlichste Märkte mit Umweltsimulationen, Klimatechnik, Ultraschallschweißen oder optische Maschinen bedienen. Mit einer einheitlichen Strategie, einem einheitlichen Managementsystem und zentralistisch vorgegebenen Zielen wäre diese Vielfalt kaum zu managen.

Die neue Form der Strategieentwicklung betrifft selbst Unternehmen, von denen man dies klassischerweise kaum denkt. Und die bislang in eher konservativen Branchen unterwegs waren. Als ich 2019 einen Vortrag bei der BDSV, der Bundesvereinigung Deutscher Stahlrecycling- und Entsorgungsunternehmen e.V., halte, wird deutlich: Selbst in dieser Industrie führen viele Unternehmen einen Reset ihrer Strategieentwicklung durch.

Beispiel REMONDIS: Förderung von KI in der Abfallentsorgung

REMONDIS ist als Konzern zur Abfallentsorgung und -verwertung bekannt. Zugleich investiert REMONDIS in die Entwicklung künstlicher Intelligenz. Zwei Tätigkeitsbereiche, die auf den ersten Blick so unterschiedlich sind wie Leben auf der Erde und Leben auf dem Mars. Weit gefehlt. Ludger Rethmann, REMONDIS-Vorstandsvorsitzender, erklärt den Zusammenhang in einem Interview: »Die

Optimierung von Abfallsammeltouren beispielsweise kann durch künstliche Intelligenz nicht nur effizienter, sondern auch umweltfreundlicher gestaltet werden. Ein weiteres großes Thema ist die Sortenreinheit von Abfällen.«

Strategieentwicklung bis 2030

Die Zeiten, als Strategieentwicklung primär eine Routineübung war, sind endgültig vorbei. In den nächsten Jahren wird eine Vielzahl von eingesetzten Strategiemethoden, Managementsystemen und Leadership Tools Unternehmen beherrschen. Unterschiedliche Philosophien, die bislang widersprüchlich zueinander schienen, werden nebeneinander koexistieren.

In der Managementlehre werden zwei unterschiedliche Arten der Strategieentwicklung unterschieden: Geplante Strategien und sogenannte Evolving Strategies, also Strategien, die sich erst im Nachhinein als solche erkennen lassen. Eines der bekanntesten Beispiele ist die sogenannte Madonna-Strategie: Die Popsängerin Madonna, das ist ein Lehrbeispiel aus Managementbüchern, hatte zwar ihr großes Ziel (den Durchbruch und den internationalen Erfolg) als strategisches Ziel, die eingesetzten Maßnahmen dazu, variierten jedoch situativ. Geplante und sich entwickelnde Strategien standen in der Vergangenheit im Widerspruch zueinander.

In der Strategieentwicklung bis 2030 wird beides nebeneinander koexistieren. Planung dort, wo es erforderlich ist, sich entwickelnde Strategie dort, wo es sinnvoll ist. Strategische Planung und strategischer Pragmatismus nebeneinander. Doch Vorsicht! Strategische Planung ist das eine. Die Umsetzung dieser Strategien das andere. Es genügt nicht nur, bei der Strategieentwicklung alles auf null zu stellen und Dinge kritisch zu hinterfragen. Auch an den vielen Stellen, die notwendig sind, um Zukunftsstrategien erfolgreich umzusetzen, braucht es immer wieder einen Reset. Ansonsten werden – wie bereits im letzten Kapitel beschrieben – aus schlanken prototypischen Projekten zunächst Monster- und schließlich Zombieprojekte.

Strategieentwicklung: Suche nach neuen Ideen und Konzepten
In der Phase des radikalen Umbruchs kommt einer vielfach unterschätzten Fähigkeit eine Schlüsselrolle zu: Kreativität. »Eine kreative Einstellung zu Ihrem Geschäft oder dem Unternehmen, für das Sie arbeiten, kann in diesen unbeständigen Zeiten den Unterschied zwischen Erfolg und Misserfolg ausmachen«, schreibt Forbes im August 2020. Diese Art von Kreativität ist allerdings nicht die Form, die Sie aus dem Kunstunterricht in der Schule kennen. Sondern unternehmerische fokussierte Kreativität.

Der kreative Albtraum im Top Management sieht so aus: Die Kreativen übernehmen die Macht. Alle Meetings werden abgesagt und durch Ideenfindungsworkshops ersetzt, in denen vollkommen frei herum gesponnen wird. Eine Idee jagt die nächste, jede ist noch ein Stück ausgefallener und verrückter. Marktforschung und strukturierte Prozesse sind abgeschafft, der freidenkende Geist regiert. Binnen weniger Monate führen die Kreativen das Unternehmen ins Chaos. Kein Wunder, wenn Markenverantwortliche und Unternehmensstrategen beim Thema Kreativität häufig sofort auf Gegenwehr schalten: »Gefährlich!« »Passt nicht!« »Verwirrt den Kunden!« Die Furcht ist nicht unbegründet: Denn Kreativität ohne Strategie richtet mehr Schaden als Nutzen an. Die Tatsache, dass jemand kreativ denkt und neue Ideen entwickelt, hat zunächst einmal keinerlei wirtschaftlichen Wert.

Stellen Sie sich vor, jemand käme auf die Idee, alle Züge der Deutschen Bahn AG durch einen Künstler kreativ gestalten zu lassen. Das wäre äußerst kreativ, ohne Frage. Doch wie viele Menschen kennen Sie, die sagen: »Also seitdem die Züge bunt sind, fahre ich viel öfter Bahn.«? Können Sie sich vorstellen, dass jemand zur Zugbegleitung sagt: »Macht nichts, dass wir zu spät sind, dafür ist der Zug ja bunt.«? Stellen Sie sich die BILD-Schlagzeile vor: »Spinnen die? Bunte Züge, aber viel zu spät!« Oder bei der nächsten Fahrpreiserhöhung: »Bahn-Abzocke wegen bunter Züge«.

Kreativität ist nur dann eine wertvolle Ressource, wenn sie in die richtigen Bahnen gelenkt wird, wenn sie dazu dient, strategische Ziele besser zu erreichen. Strategie ohne Kreativität ist genauso schädlich wie Kreativität ohne Strategie. Ersteres verhindert den Reset. Letzteres führt ihn ins Chaos. Kreativität braucht Strategie und Strategie braucht Kreativität. Und beides zusammen braucht den Willen zur erfolgreichen Umsetzung. Wie bei JD.com.

JD.com wagt den Triple Reset

JD.com verkauft Lebensmittel. Doch es ist kein normaler Supermarkt. JD.com hat das System radikal neu erfunden. Die Innovationen beschränken sich nicht nur auf den Markt selbst, sondern sie beinhalten einen Lebensmittellieferdienst und sogar die Lieferkette. Es ist ein Triple Reset. Das Unternehmen hat den Knopf gleich mehrfach gedrückt.

Um den dreifachen Reset richtig einordnen zu können, möchte ich ihn mit einem Beispiel erklären. Sie haben Freunde eingeladen und möchten heute Abend einen Salat zubereiten. Dazu bestellen Sie bei einem Lebensmittellieferdienst frische Spinatblätter, Tomaten, Gurken und was Sie noch so auf Ihrem Salat vorfinden möchten. Pünktlich zum vereinbarten Zeitpunkt liegt der Salatkopf bei Ihnen auf dem Küchentresen. Ein alltäglicher Vorgang. Wahrscheinlich keiner, bei dem Sie eine Revolution vermuten. Und dennoch hat JD.com diesen Vorgang komplett neu erfunden.

Was muss passieren, damit zum Abendessen mit Ihren Freunden ein Salat bei Ihnen auf dem Tisch steht? In der traditionellen Lieferkette wird der Salat in Spanien, Italien oder den Niederlanden angebaut. Der Salat wird Hunderte, wenn nicht sogar Tausende Kilometer weit gefahren, bevor er in einem Zentrallager der Einkaufskette abgeliefert wird. Die Logistik der Supermarktkette übernimmt die Lieferung in die einzelnen Märkte. Dort wird Ihr Salatkopf von Beschäftigten ausgepackt und in die Regale verteilt. Sobald Ihre Bestellung eingeht, nehmen Beschäftigte den gleichen Salatkopf, den sie zuvor in die

Auslage gelegt haben, wieder heraus und stellen Ihre individuelle Tüte zusammen. Dann sammelt ein Lieferwagen diese Bestellungen und bringt sie zum Kunden. JD.com hat den gesamten Weg vereinfacht.

Erstens: Salatanbau und -zucht: Im Pekinger Stadtteil Tongzhou betreibt das Unternehmen ein mehr als elftausend Quadratmeter großes voll automatisiertes Gewächshaus. Es ist ein Hightech-Gewächshaus: mit künstlicher Intelligenz zur Wachstumskontrolle, vernetzten Systemen für klimatische Wachstumsbedingungen, Robotik für Saat und Ernte. Die Salatköpfe wachsen nicht in traditioneller Erde auf, sondern in Nährlösungen. Diese Nährlösungen ermöglichen es zum einen, den Salat deutlich ressourcensparender großzuziehen, andererseits erhöht sie die Zahl der Ernten. Anstatt beispielsweise Spinatblätter viermal jährlich zu ernten, wird im Hightech-Gewächshaus neunzehn Mal geerntet.

Zweitens: Der frisch geerntete Salat wird am Tag der Ernte zum einen in Supermärkte geliefert, zum anderen in ein voll automatisiertes Zentrallager, das primär aus Robotern besteht. Geht eine Bestellung ein, sucht das System automatisch die entsprechenden Waren zusammen und packt diese in Tüten, die dann Richtung Auslieferung auf einem Fließband transportiert werden.

Drittens: Nicht ein großer Lastwagen nimmt die Einkäufe auf, sondern ein vollautomatischer Auslieferungsroboter. Solche autonomen Fahrzeuge, wie sie auch in Deutschland bereits ausprobiert werden, sind inzwischen Standard. Das Fahrzeug meldet sich, sobald es in der Nähe der Person ist, die die Bestellung getätigt hat. Nur Treppensteigen, Namensschilder entziffern und Fahrstuhlfahren hat das Robotervehikel noch nicht gelernt. Kunden oder Kundinnen holen mit ihrem Smartphone den Einkauf am kleinen Roboterfahrzeug ab.

Dieses Beispiel zeigt, wie JD.com durch einen dreifachen Reset das Prinzip Supermarkt revolutioniert: durch vollautomatisierte Just-in-time-Produktion von Salatköpfen, voll automatisierte Lager und eine autonome Auslieferung. Nimmt man nun noch die Neuentwicklungen bei den traditionellen Supermärkten hinzu, hat JD.com das System Supermarkt gleich vierfach neu erfunden. In den Supermärkten sind Kassen abgeschafft, der Einkaufswagen registriert, was Kunden und Kundinnen kaufen. Die Qualität von Lebensmitteln wird über die üblichen Onlinefunktionen wie »Liken« et cetera überprüft. Die eingekauften Lebensmittel gehen direkt in das Kundenprofil über. Zwischen dem Kunden oder der Kundin, die online eine Lieferung bestellen und denen, die vor Ort einkaufen, gibt es faktisch keinen Unterschied. Lebensmittel E-Business und Supermarkt in einer Organisation vereint.

JD.com zeigt, wie sich Lieferketten in den nächsten Jahren radikal verändern werden. Das Unternehmen hat die drei zentralen Herausforderungen, die ich beschrieben habe, gelöst: Mit weniger Personal mehr produzieren und dabei nachhaltiger wirtschaften.

Raus aus der Benchmarking-Falle! Wie Sie der Gleichförmigkeit entfliehen

JD.com hat etwas getan, was andere Unternehmen in dieser Konsequenz zuvor nicht getan haben. Das Unternehmen hat kreative Konzepte entwickelt und diese zu einer Innovationsstrategie gebündelt. Es hat sich neu erfunden. Doch warum fällt es manchen Unternehmen schwer, wirklich innovative Konzepte zu entwickeln und Märkte zu gestalten? Sie sind häufig zu sehr damit beschäftigt, sich damit auseinanderzusetzen, was andere tun. Unternehmen entwickeln eine Kultur des Benchmarkings: Sie sind nicht die mutigen Pioniere, die die Chance in der Zukunft aktiv ergreifen möchten, sondern abwartende Nachzügler, der erst einmal beobachten, was sich woanders bewährt. Benchmarking hat Tradition.

Eric, ein siebenjähriger angehender Topmanager, wird beim Abschreiben in der Deutscharbeit erwischt. »Das war kein Abschreiben«, posaunt er heraus, »sondern heftübergreifendes Benchmarking, mit dem ich die Wettbewerbsfähigkeit meines Deutschaufsatzes maßgeblich erhöhen wollte.« Die Welt des großen Managements macht es ihm vor. Was sich hinter geschliffenen Managementausdrücken wie »Benchmarking« verbirgt, ist in der Praxis oft nichts anderes als ordinäres Abschreiben. Es klingt nur bedeutungsvoller.

Ganze Heerscharen von Führungskräften haben in Business-Schulen rund um die Welt die Kunst des Abschreibens gelernt. Wozu selber Ideen entwickeln? Es gibt ja Benchmarking.

Was in der Theorie gut klingt, hat in der Praxis fatale Auswirkungen: Ganze Branchen sind mittlerweile in der Benchmarking-Falle, jeder schaut auf die vermeintlich Besten und kopiert von ihnen. Ein Unternehmen wagt sich mit etwas Neuem hervor, der Rest schaut, ob es funktioniert. Und kopiert. Die Folge: Alle reden von Innovationen, heraus kommen Angebote, die sich beinahe gleichen wie ein Ei dem anderen.

Nach Beispielen brauchen Sie nicht lange suchen. Alles, was Sie tun müssen: Ihr Radio einschalten.

Beispiel: Die Benchmarking-Falle in verschiedenen Branchen

Egal, welchen privaten Sender Sie einschalten, ständig wird Ihnen der Supermix für irgendein Bundesland angepriesen – mit noch mehr Hits. Manche Radiomoderatoren klingen wie Losbudenverkäufer: »Jetzt anrufen und das geheimnisvolle Geräusch erraten. Für nur neunundvierzig Cent pro Anruf.« Haben Sie sich schon einmal gefragt, warum sich die Programme von Garmisch bis Flensburg so oft verblüffend ähnlich anhören? Weil alle Sender Benchmarking betreiben und auf die gleichen Erfolgsrezepte setzen: Auf die anderen schauen und nachmachen.

Gehen Sie in den Supermarkt. Waschmittel Nummer 1 verspricht Ihnen die sauberste Sauberkeit, Waschmittel Nummer 2 das weißeste Weiß und Waschmittel Nummer 3 die farbigsten Farben. Auch die Branche der Nassrasierer betreibt Klingen-Benchmarking: Kaum kam der erste Hersteller mit zwei Klingen, folgte der nächste mit drei, dann vier, dann fünf und dann sechs. Mitte 2020 testete Stiftung Warentest und kam zu einem klaren Ergebnis: Ein Rasierer mit zwei Klingen schnitt am besten ab.

Das gleiche Phänomen in der Automobilbranche. Machen Sie einmal folgenden Selbstversuch: Nehmen Sie einen Toyota Corolla Modelljahr 2021, kleben Sie ein VW-Schild drauf und fahren Sie durch die Stadt. Wie lange dauert es, bis irgendjemandem auffällt, dass Sie in Wahrheit gar keinen VW fahren? Spätestens dem TÜV wird es auffallen.

Machen Sie den Test: Ist unser Unternehmen in der Benchmarking-Falle?

Sitzt Ihr Unternehmen in der Benchmarking-Falle? Haben Sie so sehr auf andere geschaut, dass Ihnen Kreativität und Originalität abhandengekommen sind? Machen Sie den Test. Wenn Sie von den folgenden drei Fragen zwei mit »ja« beantworten, könnten Sie bereits tief in der Falle sitzen:

- Wir schauen gebannt auf die Konkurrenz und reagieren auf das, was dort passiert.
- Wenn man die Feinheiten beiseitelässt, unterscheiden wir uns nicht wesentlich von den anderen in der Branche.
- Unsere Angebote werden häufig so beschrieben: »So wie das Produkt von ..., nur kleiner, größer, billiger oder schneller.«

Was tun, wenn Sie in der Benchmarking Falle sitzen? Führen Sie einen Reset Ihrer Produkte und Angebote durch. Überlegen Sie, was Sie tun müssen, damit Sie als Original und nicht als Kopie wahrgenommen werden. Stellen Sie bei der Strategieentwicklung eine zentrale Frage: Was müssen wir tun, damit wir als absolut einzigartig wahrgenommen werden?

3.2 Erfolgreich wagen, woran andere scheitern

Durch meine Vorträge habe ich regelmäßigen Kontakt zum Top Management klassischer Unternehmen. Sie kommen aus Branchen, die mitunter als Old Economy bezeichnet werden. Ich erinnere mich an ein Gespräch, das ich am Rande eines Vortrags mit dem Vorstand einer großen Handelskette geführt habe. Ich fragte: »Spüren Sie bereits die Konkurrenz durch Lebensmittel-Lieferdienste? Bereiten Sie selbst etwas in diese Richtung vor?« Die Antwort: »Wenn sich das irgendwie rechnen würde, hätten wir es bereits umgesetzt. Wir haben das tausendmal durchkalkuliert, das ist kein rentables Geschäftsmodell. Und außerdem: Das ist in der Vergangenheit bereits gescheitert.«

Die Gründer von Gopuff reizte genau das. Etwas erfolgreich umzusetzen von dem andere sagten, das könne nie funktionieren. Mehr noch: Etwas, was in der Vergangenheit bereits krachend gescheitert war. Und so gründeten Yakir Gola und Rafael Ilishaye 2013 einen Lieferservice für Lebensmittel. Der Start war alles andere als eine typische Start-up-Erfolgsgeschichte.

- Es dauerte drei Jahre bevor die Gründer ihr erstes Investment erhielten. Bis dahin hatten sie in nur einer einzigen Stadt – Philadelphia in den USA – ihren Lieferdienst ausprobiert.
- Und auch durch dieses erste Investment wurden die Gründer nicht gerade mit Geld überschüttet: 8,25 Millionen US-Dollar, für die investitionsfreudigen Vereinigten Staaten eine eher geringe Summe.

Es schien sich das zu bewahrheiten, was mir das Topmanagement der Handelskette prophezeit hatte: Damit kann man kein Geld verdienen. Drei Jahre später wendete sich das Blatt: das Unternehmen erhielt eine Investition von 750 Millionen Dollar. Ende 2020 hatte Gopuff eine Bewertung von mehr als 3,9 Milliarden US-Dollar.

Was genau macht das Unternehmen anders?

Das Magazin »Fortune« beschreibt den dreifachen Reset, mit Gopuff, das rentabel macht, was andere als unrentabel ansehen. Das Unternehmen setzt auf Lagerhäuser statt Geschäfte: Gopuff zahlt nicht die hohen Mieten für erstklassige Standorte, sondern mietet pragmatisch und zentral an. Im Gegensatz zu anderen Zwischenhändlern, wie zum Beispiel Uber Eats, agiert Gopuff eher wie ein Einzelhändler und kauft direkt von Giganten wie Anheuser-Busch, PepsiCo und Unilever. Das Unternehmen generiert seine Einnahmen nicht so sehr durch die Liefergebühr, sondern durch einen saftigen Aufschlag auf die Ware und zunehmend durch den Verkauf einer besseren Platzierung in seiner App.

Die Idee war zu diesem Zeitpunkt übrigens weder neu, noch war sie in der Vergangenheit besonders erfolgreich gewesen. 1998 wurde Kozmo.com gegründet. Das Unternehmen hatte bereits fünfzehn Jahre zuvor die gleiche Geschäftsidee. 250 Millionen Dollar Investitionen flossen in das damals tatsächlich innovative Konzept. Drei Jahre später war sie gescheitert.

Es ist der Reset, der Gopuff (Stand Anfang 2022) erfolgreich macht. So erfolgreich, dass die deutsche Kopie (oder sagen wir besser das vom amerikanischen Vorbild inspirierte deutsche Unternehmen) Gorillas, 2020 gegründet, bereits 2021 eine Bewertung von über eine Milliarde Euro erzielen konnte.

Zum Zeitpunkt der Veröffentlichung dieses Buchs (Anfang 2022) ist nicht klar, wer das Spiel gewinnt. Ob meine Gesprächspartner, das Topmanagement des Einzelhandelskonzerns, recht behalten und die Lebensmittel-Lieferdienste am Ende komplett überbewertet sind. Ob Gopuff, Gorillas und Co. am Ende das gleiche Schicksal blüht wie Kozmo.com. Oder ob die Investoren und Gründer der schnellen Lieferdienste recht behalten.

Diese waren zum Zeitpunkt ihres Investments – trotz des Scheiterns Anfang der Zweitausenderjahre – sehr überzeugt. Bemerkenswert: Die Investoren von Gopuff sind die gleichen, die mit Kozmo.com damals Geld verloren haben. Und sogar das, was damals tot war, ist Anfang 2022 wieder auferstanden: Kozmo.com.

3.3 Geld ist keine Erfolgsgarantie

Kennen Sie das Zitat »Luxus macht erfinderisch«? Wahrscheinlich nicht. Es heißt: »Not macht erfinderisch«. So merkwürdig es auch auf den ersten Blick scheinen mag: Zu viel Geld fördert keine innovativen Ansätze, sondern erstickt sie. Entsprechend wird ein Reset nicht automatisch dadurch besser, dass Sie viel Geld ausgeben.

Beispiel: Alternativen zu teuren Werbekampagnen
Sie planen eine bundesweite Werbekampagne für ein neues Produkt. Mithilfe der Werbekampagne soll das Produkt eine Bekanntheit von fünfzig Prozent bei allen Menschen bekommen, die durch die Kampagne kontaktiert wurden.
Wenn Sie zehn Millionen Euro zur Verfügung haben, woran denken Sie? Mit hoher Wahrscheinlich an die Produktion eines teuren Werbespots, die Schaltung einer teuren Werbekampagne im Fernsehen sowie eine aufwendige Kampagne in sozialen Medien.
Was tun Sie, wenn Ihnen das Budget um neunundneunzig Prozent gekürzt wird? Statt zehn Millionen Euro haben Sie jetzt nur noch hunderttausend Euro zur Verfügung. Das Ziel bleibt das gleiche. Im ersten Moment denken Sie: »Unmöglich!« Dann aber beginnen Sie über alle möglichen Formen von Guerilla-Marketing nachzudenken: Über die Produktion unkonventioneller Videos, die einfach, preiswert und effektiv sind und sich über YouTube verbreiten, über Postkarten mit witzigen Sprüchen, die sich Menschen weiterleiten und über spektakuläre Presseaktionen. Werden Sie damit weniger Erfolg haben? Oder sogar mehr?

Das Problem ist, dass sich das klassische Ursache-Wirkungs-Prinzip bei einem Reset nicht nur nicht anwenden lässt, sondern es teilweise sogar komplett auf den Kopf gestellt wird. Üblicherweise sind wir es gewohnt, mit einem Aufwand X eine Wirkung Y zu erzielen. Wenn wir zwanzigtausend Werbebriefe an Kunden verschicken, reagieren im Idealfall fünfhundert. Wenn wir vierzigtausend Briefe verschicken, reagieren tausend und so weiter.

Entsprechend denken wir: Wenn wir das Budget für eine bestimmte Maßnahme erhöhen, erhalten wir automatisch eine entsprechende Wirkung. Bei kreativen Ansätzen ist es allerdings umgekehrt. Es kann sein, dass eine Kampagne, die hunderttausend Euro kostet, ungemein effektiver ist als eine, die zehn Millionen kostet.

»Ja, das ist Werbung, das funktioniert eben anders«. Wahrscheinlich denken Sie das jetzt. Oder? Stimmt nicht.

Beispiel: Entwicklung einer neuen Dienstleistung
Sie wollen eine neue digitale Dienstleistung entwickeln und geben dem Team zehn Millionen Euro und ein Jahr Zeit. Jede Wette, dass die Entwicklung ziemlich genau elf Millionen Euro verschlingen wird und dreizehn Monate dauert. Das Entwicklungsteam wird nicht in der Kategorie klein, preiswert und schnell denken, sondern zunächst einmal Prozesse etablieren, Abläufe anpassen, Ausschreibungen formulieren und externe Partner suchen. In der Einleitung konnten Sie so ein reelles Beispiel lesen.

- *Warum einen preisgünstigen Wettbewerb unter Studenten ins Leben rufen, wenn doch zehn Millionen Euro da sind, die ausgegeben werden können?*
- *Wozu kleine, schnelle und effektive Testmethoden etablieren, wenn auch große, gründliche und langsame bezahlt werden können?*

- *Wozu potenzielle Partner mit kleinen Prämien und einer hohen Erfolgsbeteiligung locken, wenn doch aus dem Budget großzügige Tagessätze bezahlt werden können?*
- *Wozu sich auf dem Markt umschauen, ob nicht bereits intelligente Lösungen existieren, die integriert werden können, wenn doch das Geld da ist, um eigene Entwicklungen zu tätigen?*

Ähnliches im Management: Wenn Sie fünf Millionen Euro Beratungshonorar im Jahr ausgeben können, wenn Sie sich Dutzende von Analysen über unternehmensinterne Probleme leisten können, wozu dann die eigenen Mitarbeiter befragen und sie auffordern aggressiv nach Schwächen des eigenen Unternehmens zu suchen? Für nur fünfhunderttausend Euro liefert das doch auch ein Consulting Unternehmen. Wozu eigenes Risiko eingehen, wenn Geld für Absicherung im Überfluss vorhanden ist? Oder in der IT: Wozu einen schlanken und preiswerten Ansatz entwickeln, der genau den Funktionsumfang hat, den Mitarbeiter brauchen, wenn doch das Geld für eine große, teure und umfassende Lösung vorhanden ist?

Starten Sie den Reset so klein wie möglich. Ohne Megabudgets, ohne aufwendige und teure Strukturen. Dann werden sie von dem profitieren, was ich den Return on Ideas nenne. Einen größeren Erfolg mit weniger Aufwand.

Seien Sie aber bereit, sofort Geld in die Hand zu nehmen, sobald sich Erfolge abzeichnen! Dafür braucht es vor allem eines: Neue Kennzahlensysteme, mit denen Sie erkennen, ob Ideen erfolgversprechend sind oder nicht.

Return on Ideas

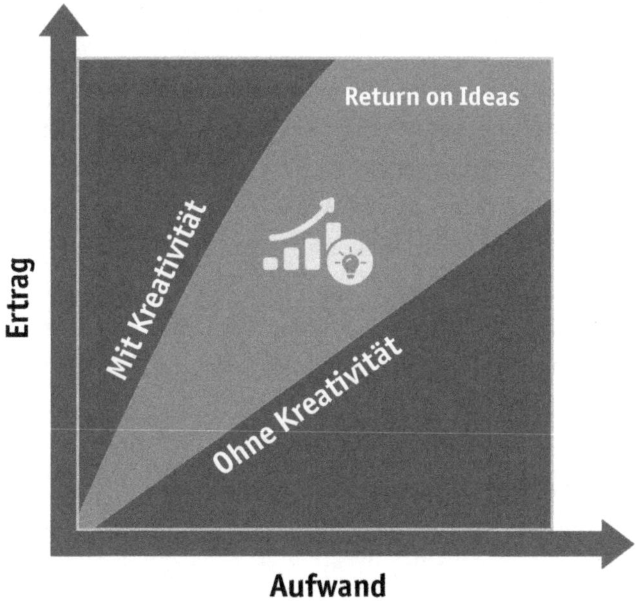

3.4 Definieren Sie Erfolg neu

Kennzahlen sind für Unternehmen das, was Wetterstatistiken in der Meteorologie sind.

- Wenn Sie heute einen Urlaub buchen wollen, kennen Sie auf Basis vergangener Wetterdaten ungefähr den Temperaturbereich und das Wetter, das Sie am Ziel erwartet.
- Sind Sie Eishersteller und planen Ihre Produktionsmenge, können Sie auf den Zusammenhang zwischen Wetter und allgemeinem Eisverbrauch zurückgreifen.
- Leiten Sie einen Agrarbetrieb, helfen Ihnen die Vergangenheitswerte bei der Entscheidung, ob Sie zusätzliches Personal zum Bewässern der Felder einstellen müssen.

Genau das leisten Kennzahlen in Unternehmen.

- Wie erfolgreich ist ein Produkt gemessen am Absatz vergangener Produkte?
- Wie erfolgreich ist eine Online-Marketingkampagne gemessen an den durchschnittlichen Konversionen aller vergangenen Marketingkampagnen?
- Und wie hoch ist die Fehlerquote einer Produktion gemessen am Durchschnitt der vergangenen Monate?

In einer Organisation, die nach Managementsystemen wie beispielsweise ISO 9001 geführt wird, ist alles mess- und vergleichbar.

Lässt sich Zukunft mit den Daten der Vergangenheit entwickeln?

Kennzahlensysteme sind eigentlich perfekte Entscheidungshilfen. Eigentlich. Denn der Blick in die Vergangenheit hilft bei der Gestaltung der Zukunft nicht immer. Was helfen die besten Vergangenheitsdaten, wenn sich die Rahmenbedingungen, unter denen sie entstanden sind, ständig ändern? Durch den Klimawandel beispielsweise haben sich die Rahmenbedingungen verändert: Ein trockener Sommer bleibt ein trockener Sommer, auch wenn die Vergangenheitswerte für bestimmte Monate eine überdurchschnittliche Regenmenge ausweisen. Ein Unwetter wie die Flutkatastrophe 2021 in Rheinland-Pfalz und Nordrhein-Westfalen ist real, auch wenn sie statistisch vielleicht gar nicht hätte stattfinden dürfen.

Noch herausfordernder wird es, wenn überhaupt keine Vergangenheitsdaten existieren. Wie messen Sie die Kundenakzeptanz eines neuen besonders nachhaltigen Serviceangebots, wenn Sie es zuvor noch nie ausprobiert haben?

Wenn Ihr neues Servicemodell vom Markt nur zögerlich akzeptiert wird, ist es dann ein Erfolg oder ein Misserfolg? Ein Erfolg, weil Sie erste Hinweise darauf erhalten, dass es ein wachsendes Kundenbedürfnis gibt? Oder ein Misserfolg, weil frühere Produkte erfolgreicher waren?

Wenn Sie das Neue gegen die Performance der bewährten Angebote vergleichen, hat das Neue praktisch keine Chance. Das bestehende Portfolio ist bei Kunden bekannt und akzeptiert, es hat Jahre der Optimierung hinter sich. Hätte sich Amazon in den Neunzigerjahren mit den Gewinnmargen des traditionellen Buchhandels verglichen, hätte das Unternehmen seine Geschäftstätigkeit sofort einstellen müssen. Was es hier braucht, ist ein Reset.

Erforderlich: ein Reset des eigenen Kennzahlensystems

Doch wie sieht dieser Reset aus? Statt Erfolge der Vergangenheit mit Zukunftsprojekten zu vergleichen, brauchen Unternehmen ein Set von Erfolgsindikatoren, die sie selbst definieren. Indikatoren, keine Faktoren.

Erfolgsfaktoren entstehen, wenn man eine Entwicklung der Vergangenheit nach bestimmten Kriterien analysiert. Heute können Sie problemlos Erfolgsfaktoren erfolgreicher und weniger erfolgreicher Start-ups analysieren, weil es dafür eine klare Grundlage gibt: Tausende, wenn nicht sogar Zehntausende erfolgreicher und gescheiterter Start-ups.

Doch was tun Sie, wenn Sie selbst Neuland betreten? Wenn Sie Entwicklungen und Projekte vorantreiben, für die es keine Erfahrungen aus der Vergangenheit gibt? In der frühen Phase der digitalen Transformation gab es auf dieses Dilemma eine simple Antwort: »Einfach mal machen.« Das führte zu Entwicklungen, die aus heutiger Sicht kurios erscheinen.

Beispiel: Produktentwicklung unter Palmen

Ein großer deutscher Automobilkonzern, mit dem wir in dieser Zeit sehr intensiv zusammengearbeitet haben, entschied sich unter anderem dafür, mehrere Beschäftigte und Führungskräfte für mehrere Monate in die Sonne zu schicken. Frei und ungebunden sollten sie über neue Geschäftsmodelle und Strategien nachdenken. Als die ersten Bilder vom Strand im Intranet auftauchten, war der Neid in den Reihen der Belegschaft groß. Und als aus dem Projekt anschließend keine wirtschaftlich messbaren Ergebnisse hervorgingen, galt es als gescheitert.

Sind fehlende Ergebnisse automatisch ein Scheitern?

Das gleiche Schicksal erlitten zahlreiche Digital Labs, die große Konzerne in der Berliner Start-up-Szene Mitte der Zehnerjahre einrichten ließen. Mit großen Erwartungen gestartet. Rein ins alte Fabrikgebäude, junge Digital Natives einfach mal machen lassen, Tischkicker aufstellen, dann wird es schon. Das »manager magazin« berichtete im Januar 2020 vom Scheitern der Berliner Digitallabore. Doch was ist Scheitern? Was ist ein Erfolg? Unternehmen im Umbruch müssen die Begriffe »Scheitern« und »Erfolg« neu definieren.

Das Prinzip ist aus der Wissenschaft bekannt. Auf Basis einer Anfangsrecherche werden Thesen erstellt, die später in Experimenten oder durch empirische Studien belegt beziehungsweise verworfen werden.

- In der Wissenschaft gilt eine verworfene These als Erfolg. Denn es wurde bewiesen, dass es nicht funktioniert.
- In der Wirtschaft gelten gescheiterte Projekte als Misserfolg.

Um den Erfolg oder Misserfolg neuer nachhaltiger Serviceangebote, den Einsatz einer künstlichen Intelligenz in bestimmten Anwendungsfällen oder neue Arbeitsmodelle wirklich zu messen, braucht es einen Reset des Kennzahlensystems.

Ansonsten stehen sich Unternehmen selbst im Weg: Ist etwas gescheitert, wird verurteilt statt analysiert. Und umgekehrt: Ohne ein entsprechendes Kennzahlensystem käme mit Sicherheit irgendjemand auf die Idee, ab sofort jedes gescheiterte Projekt als erfolgreich verworfene These zu deklarieren. Was auch wieder Unsinn wäre.

Typische Erfolgsindikatoren für Transformationsprojekte

OKR heißt eine Methode, die 1999 von Google eingeführt wurde und die seitdem von zahlreichen digitalen Pionieren aus dem Silicon Valley eingesetzt wird. Oracle, Twitter und LinkedIn arbeiten nach OKR, was für Objectives and Key Results steht. Auch in Europa findet die Methode mehr und mehr Verbreitung.

Wie man es von Silicon Valley Unternehmen erwartet, wurde OKR als Managementsensation gefeiert, als Durchbruch und eine vollkommen neue Art der Führung. Lassen Sie sich davon nicht allzu sehr beeindrucken, in der amerikanischen Businesssprache taucht in mindestens jedem zweiten Satz ein Superlativ auf. Alles ist »awesome«, »absoluty astonishing« und »revolutionary«. Wenn Sie im Deutschen so reden würden wie das durchschnittliche amerikanische Topmanagement, würde man Ihnen die Einweisung in eine Fachklinik für narzisstische Persönlichkeitsstörungen nahelegen.

Dennoch können wir von dem Ansatz viel lernen. Denn anstatt Zukunftsprognosen auf Basis von Vergangenheitswerten zu erstellen, dient OKR dazu, eine Vision in die Tat umzusetzen. Es ist keine Top-down-Managementmethode, aber auch kein basisdemokratisches Innovationsexperiment. Es ist eine Methode, die Top-down und Bottom-up miteinander verbindet.

- Das Management legt zunächst die Vision fest: Wer wollen wir in Zukunft sein? Welche unserer künftigen Kundenprobleme wollen wir lösen? Wo wollen wir Pionier sein?
- Aus dieser Vision werden für einzelne Unternehmensteile und Produktgruppen konkrete Ziele heruntergebrochen.

Unternehmen verfolgen unterschiedliche Ziele gleichzeitig

Hier ist der erste signifikante Unterschied zu klassischen Top-down-Managementsystemen zu beobachten. Denn die Ziele können unterschiedlich sein. Erhalten, Verbessern und radikales Erneuern schließen sich nicht mehr aus. Im Gegenteil: Unternehmen und Organisationen können gleichzeitig bewahren und erneuern.

Für das klassische Produktsegment lautet das Ziel beispielsweise, mit dem bewährten Portfolio ein sechsprozentiges Umsatzwachstum zu erzielen und die Effizienz von Geschäftsabläufen um drei Prozent zu verringern.

Ein zweites Ziel kann lauten, für den gleichen Geschäftsbereich ein Zukunftskonzept zu entwickeln, das durch den Einsatz künstlicher Intelligenz eine Prozesseffizienzsteigerung um achtzig Prozent bringt.

Mit dem ersten Ziel verdient das Unternehmen Geld. Mit dem zweiten gestaltet es die Zukunft. Für jedes dieser Teilziele (Objectives) werden nach der OKR-Logik Kernergebnisse (Key Results) beschrieben. Und diese können sehr unterschiedlich sein:

- Beim Wachstum mit dem bestehenden Portfolio wird auf Vergangenheitsdaten zurückgegriffen, die Effizienz von Maßnahmen und Ergebnissen wird gegen das alte gemessen.
- Beim Erneuerungsprojekt kommen die Erfolgsindikatoren ins Spiel. Und nur anhand dieser kann der Erfolg oder Misserfolg des Projekts später gemessen werden.

»Einfach mal machen« hat ausgedient

Kommen wir zurück zu den Glücklichen, die von ihrem Automobilkonzern in den Süden geschickt wurden. Ohne konkrete Ziele und Kernergebnisse (»Einfach mal machen.«) ist das Projekt praktisch vom ersten Tag an zum Scheitern verurteilt. Neidfaktoren kommen hoch. Spätestens wenn – im Zeitalter von WhatsApp und sozialen Medien unvermeidbar – die ersten Bilder von Badehose und Laptop im Netz auftauchen, wird das Projekt kritisch beäugt. Mit einer konsequenten Anwendung des OKR-Systems lässt sich Erfolg anders messen.

So wird aus dem Trip zum Strand eine Success Story

Nehmen wir an, Ihr Unternehmen steht vor der Entscheidung, wo es künftige Entwicklungen am besten durchführen kann. Es werden drei Teams gebildet: Die einen werden in den nüchternen grauen Konferenzräumen des Konzerns einquartiert, die anderen in unmittelbarer Nachbarschaft zu Google und Apple im Silicon Valley und eine dritte Gruppe in einem isolierten Haus in der Karibik.

Das Objective: Herausfinden, wie sich die Art der Resultate unterscheidet. Das lässt sich relativ einfach wirtschaftlich begründen: Die eigenen Beschäftigten ins Silicon Valley zu schicken ist deutlich teurer, als sie an den Strand (Malediven, Karibik oder Ostsee) zu entsenden. Noch preiswerter ist es, sie überhaupt nicht von zu Hause wegzuschicken. Man könnte es vielleicht noch um ein viertes Team ergänzen, das virtuelle Arbeitsweisen ausprobiert. Alle sitzen im Homeoffice, damit fallen nicht einmal mehr Reisekosten zum Firmensitz an.

Die Key Results werden wie folgt definiert:

1. Welche Gruppe kommt unter welchen Umständen am schnellsten zu einem Ergebnis? Möglicherweise kann sich das Team in der Karibik deutlich besser konzentrieren als das im Silicon Valley.
2. Welches der Konzepte wird anschließend vom Management des Unternehmens als das zielführendste bewertet? Wer kann denn vorher wirklich sagen, ob das Konzept aus dem Silicon Valley wirklich das Beste ist, nur weil es in der Nachbarschaft von Apple und Google entstand?
3. Welchen Einfluss haben die beteiligten Personen auf das Gesamtergebnis? Solche Erhebungen sind in der Isolation meistens einfacher durchzuführen als in komplexen Organisationen.
4. Wie groß ist der Lerneffekt für die Organisation? Wenn das Key Result lautet, ein übertragbares Konzept für die Entwicklung neuer Produkte und Dienstleistungen zu entwickeln, bringt vielleicht das Team aus den grauen Konferenzsälen das überzeugendste Konzept. Weil es nah dran war an der Organisation. Vielleicht war es aber auch zu nah dran.

Die nächsten Jahre erfordern einen klaren Reset im Umgang mit Kennzahlensystemen und Erfolgsfaktoren beziehungsweise Indikatoren. OKR ist eine Methode dabei, nicht das Allheilmittel. Das Besondere am OKR-System ist Folgendes: Nicht das Topmanagement definiert die Key Result, sondern die Teams selbst. Und somit wird der Karibiktrip nicht einfach zu einem Firmenausflug, sondern durch von vorne herein klar definierte Ergebnisse zu einem Experiment. Zugegeben, einem durchaus nicht zu verachtenden. Ich melde mich freiwillig für das Karibik-Team. Aus rein wirtschaftlichen Erwägungen natürlich.

Definieren Sie die Frage »Was ist Erfolg?« neu

Mit klaren Visionen, Zielen und Teilzielen lässt sich der Umbruch deutlich einfacher managen als durch starre Systeme, bei denen es darum geht, Daten der Vergangenheit gegen die der Gegenwart zu matchen. Teams werden dazu angehalten, unternehmerisch zu denken, weil sie die konkreten Maßnahmen zum Erreichen der Ziele selbst entwickeln. Wenn sie feststellen, dass Maßnahmen nicht funktionieren, werden neue entwickelt. Wenn sie feststellen, dass bestimmte Ergebnisse nicht erreicht werden können, werden neue Ergebnisse definiert.

Die Transformation von Organisationen braucht einen Reset in den Kennzahlensystemen. Es braucht eine neue Definition der Frage: »Was ist Erfolg?«

3.5 Fazit: Der Reset ist das, was Strategien erfolgreich macht

Funktioniert nicht? Hat schon früher nicht funktioniert? Können wir nicht umsetzen? Das ist für die Herausforderungen der kommenden Jahre zu einfach. Statt Neues mit »Funktioniert nicht!« abzulehnen, lautet die Schlüsselfrage: »Wie kann es funktionieren?« Aus »Hat in der Vergangenheit nicht funktioniert« wird in Zukunft »Wie können wir aus dem lernen, was andere verkehrt gemacht haben?«.

Reset bedeutet: immer wieder anzuhalten, immer wieder eigene Überzeugungen infrage zu stellen, immer wieder nach neuen Wegen zu suchen, um das zu schaffen, was andere nicht geschafft haben. Gelebte Innovation. Als Grundvoraussetzung für erfolgreiche Zukunftsstrategien in einem Wandel, der sich immer mehr beschleunigt.

Doch es braucht nicht nur einen Reset in der Strategie. Es braucht einen Reset der gesamten Organisation:

- Sind unsere Strukturen noch zeitgemäß?
- Wo müssen wir sie beibehalten, wo verändern?
- Wo müssen wir vollkommen neu denken, wenn es um die Frage geht, wie Abteilungen und Teams zusammenarbeiten?
- Wo versuchen wir, mit den Prozessen und Geschäftsabläufen von gestern die Probleme von morgen anzugehen?

Teil 4 – Reset your Organization

4.1 Das Corporate Immune System

Stellen Sie sich einmal kurz vor, Sie wären ein kleines Grippevirus, das dabei ist, in einen Menschen einzudringen. Was passiert? Sofort haben Sie es mit dem gesamten Immunsystem des Organismus zu tun. Die Blutkörperchen werden sich gegen Sie zusammenrotten, man wird versuchen, Sie zu bekämpfen. Sie sind ein Störenfried, der es schafft, das Gleichgewicht kräftig durcheinanderzuwirbeln. Ungefähr so ergeht es vielfach Unternehmen und Organisationen im Wandlungsprozess. Die Strategie ist formuliert, die Pläne liegen auf dem Tisch, doch die faktische Umsetzung fällt schwer. Bis heute eines der plakativsten Beispiele dafür, wie Unternehmen mit einem Immunsystem gegen Veränderungen kämpfen, ist Boeing.

Beispiel Boeing: Immunsystem gegen Veränderungen
Bereits Anfang der Neunzigerjahre diagnostizierte das Unternehmen bei sich selbst ein Immunsystem gegen neue Ideen. Egal, welche Idee gerade aufkam, egal, wer sie vorschlug, egal, wie gut oder schlecht diese Idee auch war, irgendwo blieb sie immer in den Strukturen stecken und irgendwo fanden sich immer genug Bedenkenträger, die sich wie die roten Blutkörperchen im Blutkreislauf zusammenrotteten und den Eindringlich unschädlich machten. Die Idee könnte ja das Gleichgewicht der Organisation in Schieflage bringen.
Dummerweise brauchte das Unternehmen exakt zu diesem Zeitpunkt viele neue Ideen. Die Flugzeugproduktion wurde gerade umgestellt und Boeing sah sich – in Vorbereitung auf das neue Modell, die Boeing 777 – vor massiven Herausforderungen. Produktionskosten und Produktionszeiten mussten um ungefähr fünfzig Prozent gesenkt werden und das in einer Organisation, die sich immun gegen Neues zeigte.
In den Neunzigerjahren gelang es, das Immunsystem zu bekämpfen. Die Boeing 777 wurde – trotz aller Verspätungen – erfolgreich auf den Markt gebracht. Nach den Abstürzen und der vorübergehenden Stilllegung der Boeing 737 Max im Jahr 2019 wurde in der Presse vielfach darüber spekuliert, ob das Immun-

system zurückgekehrt sei, ob ungewöhnliche Ideen und berechtigte Kritik an der Bauweise des Flugzeugs vom Immunsystem wieder wirksam bekämpft werden. So zitiert die ZEIT einen Angestellten mit den Worten: »Dieses Flugzeug wird von Clowns designt, die wiederum von Affen kontrolliert wurden.«

Aber das ist nicht Thema dieses Buchs. Ich bin im Zusammenhang mit Boeing erstmals 2010 auf den Begriff »Corporate Immune System« gestoßen. Heute hat der Begriff sogar eine eigene Seite bei Wikipedia (englische Ausgabe), wo es dazu heißt: »Der Begriff wird am häufigsten verwendet, um solche Prozesse zu beschreiben, die Innovation und unternehmerische Aktivitäten innerhalb von Organisationen ausbremsen.«

So spüren Sie das Immunsystem am eigenen Leib: Sie haben eine Idee und sie bleibt in den Strukturen stecken. Sie besprechen einen neuen Vorschlag, aber statt auf Begeisterung stoßen Sie auf Unverständnis: »Oh Gott! Da stört einer den Betriebsfrieden!«. Jetzt haben Sie zwei Möglichkeiten.

Möglichkeit 1: Akzeptieren und resignieren

»Das ist eben so. Unsere Organisation ist schwerfällig, mit neuen Ideen macht man sich keine Freunde.« Sie akzeptieren, dass man Ideen in Strukturen wie Ihren nicht umsetzen kann. Da kann man nichts dran ändern. Sie resignieren und ordnen sich bereitwillig unter. Es kann ja sein, dass sich die Märkte doch nicht so schnell ändern wie erwartet und die Konkurrenz ist ohnehin noch schlechter aufgestellt. Mentale Beruhigungspillen.

Möglichkeit 2: Das Immunsystem überwinden

Hier können Sie von der Natur lernen. Wie schafft es ein Virus, ein nahezu perfektes Immunsystem zu überwinden? Indem es den Reset-Knopf drückt und sich verändert. In der Coronakrise konnten wir das live miterleben. Für ein Virus gilt es unter anderem, die sogenannten Gedächtniszellen auszutricksen, die nach Krankheiten im Körper verbleiben und einmal bekämpfte

Viren wiedererkennen. Genau wie im Unternehmen. Den Prozess, der bislang Ideen im Unternehmen verhindert hat, umgehen Sie. Und verändern ihn.

Falls Sie Option 2 wählen möchten, ist dieses Kapitel genau das Richtige für Sie. Falls Sie Option 1 wählen, blättern Sie doch einfach weiter.

Was Unternehmen von Schnapsschmugglern lernen können

Boeing entschied sich Anfang der Neunzigerjahre dafür, Strukturen zu schaffen, in denen Ideen nicht nur willkommen waren, sondern mehr noch: In denen sie effektiv und radikal durchgesetzt wurden. Es war die Geburtsstunde des Moonshine-Shops. Einer Guerilla-Truppe innerhalb des Unternehmens, die nur eine einzige Aufgabe hatte: Vorbei an festgezurrten Strukturen Ansatzpunkte für neue Ideen zu finden und diese so gut es geht umzusetzen.

Bei der Schaffung dieser Guerilla-Einheit nahm sich Boeing ausgerechnet amerikanische Schnapsschmuggler zum Vorbild. Moonshine ist der Name für illegal geschmuggelten Schnaps, der während der Prohibitionszeit auf den Hinterhöfen von Chicago heimlich gebrannt wurde. Im Schutz des Mondscheins – daher der Name – wurde der Schnaps mithilfe von Guerilla-Taktiken an der Polizei vorbeigeschleust. Moonshine hatte einen großen Anteil daran, dass die Prohibition am Ende scheiterte.

Eine kleine Guerilla-Organisation, die vorbei an festen Strukturen Dinge tut, die innerhalb dieser Strukturen nicht möglich wären. Genauso beschrieb Boeing die Funktionsweise des Moonshine-Shops. Und so wurde die Abteilung gegründet. Ingenieure aus verschiedenen Bereichen wurden in einer kleinen verschworenen Truppe zusammengeschweißt und bekamen dort eine Aufgabe: Kosten und Produktionszeit um fünfzig Prozent zu senken. Das Ziel stand fest, die Wege dorthin waren der Kreativität der Mitarbeiter überlassen. Die Boeing-Ideenguerilla durchforstete das Unternehmen immer wieder auf der Suche nach Arbeitsabläufen, die zu kompliziert waren oder die zu lange dauerten.

Dabei griffen die Beteiligten oft zu ungewöhnlichen Lösungen. Lösungen, die innerhalb bestehender Strukturen wahrscheinlich keinerlei Chance gehabt hätten. Ein Problem von Boeing war beispielsweise die Verladung der Flugzeugsitze. In der alten Variante wurden die Sitze vom Hersteller auf Rollen angeliefert. Sie wurden dann in einen Container gerollt, der Container wurde nach oben gehievt und die Sitze wurden einzeln aus dem Container heraus in das Flugzeug hinein gerollt. Dieser Vorgang war aufwendig, er dauerte zwölf Stunden. Die Ideenguerilla überlegte sich, wie sich dieser Prozess beschleunigen lässt.

Geringe Budgets als Schutz vor Monsterlösungen

Ein wesentlicher Punkt der Methodik des Moonshine-Shops bestand darin, dass die Mitarbeiter praktisch kein Geld zur Verfügung hatten. Das sollte verhindern, dass sie sich teure Lösungen von Zulieferern einkaufen. Statt über Ausschreibungstexten zu brüten, sollten sie wirklich innovativ denken. Und so suchten sie zur Lösung nach Inspirationen in Bereichen, die mit dem klassischen Flugzeugbau eher weniger zu tun haben. »Wir haben auf einem Jahrmarkt angehalten und uns angesehen, wie die Wagen einer Achterbahn nach oben transportiert wurden«, erklärte Larry Larson, der Projektverantwortliche. »Wir haben Skilifte untersucht und überlegt, ob wir dieses System übernehmen können. Wir haben die Verladung von Zuckerrüben unter die Lupe genommen und sind darüber in den Bereich der Landwirtschaft gekommen.«

In der Landwirtschaft wurde das Team schließlich fündig. Die Ingenieure entdeckten ein Heuladegerät, mit dem Landwirte Heuballen in ihrer Scheune von unten nach oben transportierten. Das Heuladegerät wurde zum Synonym für die Arbeit des Moonshine-Shops. Innerhalb weniger Tage und zu einem Preis von tausendzweihundert Dollar ließen sich die Boeing-Mitarbeiter ein Heuladegerät schweißen und brachten es in die Flugzeugproduktion. Kostenersparnis gegenüber Lösungen von Zulieferern: Rund achtundneunzig Prozent. Das Ideenvirus hat das Immunsystem der Organisation besiegt.

Machen Sie den Immuntest

Wie immun ist Ihr Unternehmen beziehungsweise Ihre Organisation gegen neue Ideen? Das Ergebnis des Tests hat nicht den Anspruch, hundertprozentig genau zu sein. Wichtig ist, dass Sie erkennen, in welche Richtung Ihr Unternehmen tendiert. Bitte antworten Sie deshalb mit eher ja oder eher nein.

	Eher ja	Eher nein
Wenn es um Ideen geht, reden bei uns viele verschiedene Köpfe mit. Dadurch werden die Ideen häufig verwässert.		
Innovative Vorschläge müssen bei uns den Weg durch die Instanzen gehen. Die Instanzen erinnern an das Bermudadreieck. Wirklich neue Vorschläge verschwinden einfach, man hört nie wieder etwas von ihnen.		
In unserem Unternehmen wird gerne über neue Initiativen diskutiert, entschieden wird jedoch selten. Im Zweifelsfall wird lieber ein neuer Arbeitskreis gegründet, der sich mit den Initiativen beschäftigt und Entscheidungen vertagt.		
In unserem Unternehmen existieren verschiedene Fürstentümer, die häufig an ihren eigenen Strategien arbeiten und eigene Interessen verfolgen. Das blockiert.		
Wir wissen schnell, warum Ideen nicht funktionieren. Warum sie funktionieren könnten, erkunden wir seltener.		

Auswertung

Vier oder fünf Mal »eher ja«

Als Arzt würde man sagen: »Herzlichen Glückwunsch, Ihr Immunsystem funktioniert voll und ganz.« Dummerweise geht es hier nicht um Gesundheit, sondern Veränderungen und die Fähigkeit, einen effektiven Reset durchzuführen. Ihre Organisation ist offenbar weitgehend immun gegen neues, frisches Denken. Selbst wenn Sie sich vereinzelt kreative Beschäftigte anstellen würden, würden diese wahrscheinlich eher als Spinner betrachtet und nicht ernst genommen werden. Bei der Entwicklung des Unternehmens und in den täglichen Routineabläufen stören innovative Ideen nur.

Zwei oder drei Mal »eher ja«

Nicht wirklich gut, nicht wirklich schlecht. Wirklich innovative Vorschläge haben bei Ihnen manchmal eine Chance, häufig jedoch nicht. Das Gute ist aber, dass die Organisation bereits begonnen hat, sich für neues Denken zu öffnen. Analysieren Sie: An welchen Stellen hat sich das Unternehmen bereits für neue Ideen geöffnet? Wie können Sie diese Stellen stärken? Machen Sie eine Liste von Hindernissen. Was steht Ihrer Organisation im Weg, damit sich Kreativität wirklich entfalten kann? Wo gibt es Hindernisse?

Notieren Sie diese Hindernisse genau und erarbeiten Sie anschließend einen Plan gegen das Immunsystem. Was müsste passieren, damit diese Hindernisse außer Kraft sind?

Null oder ein Mal »eher ja«

Als Arzt würde man sagen: »Um Himmels willen, Ihr Immunsystem funktioniert ja überhaupt nicht.« Sie sind sozusagen anfällig für Innovation und Veränderung. Vielleicht so anfällig, dass Sie häufig schon wieder zu viele Ideen haben. Sollte dies so sein, versuchen Sie den Fluss von Ideen in Ihrem Unternehmen zu strukturieren und zu organisieren. Überlegen Sie, ob Sie die vielen Ideen möglicherweise besser nutzen könnten, indem Sie Strukturen schaffen, die es ermöglichen, dass Ideen auch schnell umgesetzt werden.

So überwinden Sie das Immunsystem gegen Veränderungen

In der Einleitung haben sie das Beispiel von Netflix kennengelernt. Anstatt das Bestehende zu verteidigen, hat das Unternehmen den Reset-Knopf gedrückt und sich radikal neu erfunden. Erforderlich war dazu zunächst einmal ein Perspektivenwechsel: sich in die Rolle eines Angreifers zu versetzen, der das bestehende Geschäftsmodell attackiert. So wie es die Ingenieure von Boeing gemacht haben: Sie haben das Immunsystem ausgetrickst, in dem sie sich wie ein aggressives Virus verhalten haben. Der Angriff auf sich selbst ist eine der wirkungsvollsten Denktechniken, um einen effizienten Reset durchzuführen. Denn viele Unternehmen werden aus Bereichen bedroht, die sie bis vor wenigen Jahren überhaupt nicht als Bedrohung angesehen haben.

- Die Musikindustrie machte es vor. Plötzlich kam MP3 auf den Markt. Die Industrie versuchte diese Entwicklung so lange wie möglich zu verhindern, schließlich ging es um die Existenz des Geschäftsmodells. Das Rennen machten schließlich Streaming-Dienste wie Spotify und Apple Music.

- FinTechs, Unternehmen aus dem Finanzbereich, bedrohen die Geschäftsmodelle klassischer Banken.
- Hersteller von Smartphones mit hochauflösender Kamera verdrängen Hersteller von Kameras und Fotoapparaten.
- Für die Luftfahrtindustrie könnten Lösungen wie Zoom oder Teams von Microsoft in den nächsten Jahren als große Konkurrenz erweisen: Schließlich haben Unternehmen und ihr Management am eigenen Leib erfahren, dass man nicht zu jedem Business Meeting persönlich anreisen muss.

Wie funktioniert der Organizational Reset?

Ganz einfach: sie greifen gezielt die Schwächen ihrer Organisation an, indem Sie – so wie die Ingenieure von Boeing – einen Angriff auf sich selbst durchführen. Anstatt darauf zu warten, dass Sie von Angreifern irgendwann stark geschwächt werden, werden Sie selbst Ihr größter Feind. Bis heute ist mir der Satz von einem unserer Kunden, Geschäftsführer eines mittelständischen Maschinenherstellers und Weltmarkführer in seinem Segment, im Ohr. Für sein Unternehmen hat er die Losung ausgegeben: »Wir müssen jeden Tag versuchen, uns selbst zu vernichten.«

Beim Organizational Reset tun Sie genau das: Sie geben einer ausgesuchten Gruppe von Beschäftigten den Auftrag, der ärgste Feind des Unternehmens und der Strukturen zu werden. Sie sollen Strategien entwickeln, mit denen sie sich selbst überflüssig machen. Und diese Strategien anschließend als Chance für neue Geschäfts- und Organisationsmodelle betrachten.

Temporäre kreative Systeme: Was Sie von RTL, Netflix und Hollywood lernen können

Haben Sie sich schon einmal gefragt, wie es Fernsehsender wie RTL schaffen, jeden Tag an unterschiedlichsten Orten unterschiedliche Reporter zu haben, die für die verschiedenen Magazine berichten? Heute passiert etwas in Buxtehude, morgen im österreichischen Villach und übermorgen am Titisee im Schwarzwald. Die Fernsehanstalten sind jedes Mal vor Ort. Ihre Übertragungswagen sind binnen weniger Stunden aufgebaut und die Berichterstattung läuft auf Hochtouren. Wie ist das möglich? Durch temporäre kreative Systeme, das gleiche Prinzip, nach dem Netflix-Serien und Hollywood-Filme produziert werden. Dort finden sich an einem Set Kameramänner und -frauen, Tontechniker, Beleuchter, Kostüm- und Castingexpertinnen, Stuntleute und Schauspieler. Jeder Teil dieses kreativen Systems übernimmt nur spezielle Aufgaben, und zwar die, für die er am besten geeignet ist.

Beispiel: Temporäre kreative Systeme in der TV-Produktion
Sind alle Reporter und Reporterinnen, die für Sender wie RTL berichten, bei diesen Sendern fest angestellt? Nein, es sind vielfach Produktionsfirmen, die sich auf bestimmte Fachgebiete oder bestimmte Regionen spezialisiert haben. Kommen die Übertragungswagen vom Sender? Nein, nur im Ausnahmefall. Auch sie sind spezialisierte Firmen, die diesen Service anbieten. Die Kompetenzen, die Sender wie RTL täglich brauchen, werden genau für die Zeit dazu gemietet, in der sie gebraucht werden.

Ähnlich funktioniert die Produktion von Netflix-Serien und Hollywood-Filmen. Dass Leonardo DiCaprio und Nicole Kidman nicht bei einem Filmstudio fest angestellt sind und dort nach einem harten Neun-Stunden-Tag nach Hause fahren, liegt auf der Hand. Das gesamte System funktioniert so. Die Maskenbildnerinnen sind in ihrem Bereich kreative Spezialisten, genauso wie die Dekorateure oder die Kostümbildner. Sie alle arbeiten in einem bestimmten Bereich im Hinblick auf ein bestimmtes Ziel zusammen und gehen danach wieder eigene Wege. Möglicherweise trifft man sich einmal wieder. Das macht die Filmstudios wendig, flexibel und kreativ. Denn die vielen Expertinnen und Experten bringen Erfahrungen aus unterschiedlichsten Projekten ein.

Temporäre kreative Systeme machen träge Strukturen schlank und schnell

In vielen Unternehmen arbeiten fest angestellte Beschäftigte, die an Entwicklungsprojekten – beispielsweise für eine neue App oder neue besonders nachhaltige Produkte – sitzen. Möglicherweise verlangt das Entwicklungsprojekt gerade nach anderen Kompetenzen, die aber nicht eingekauft werden können, denn das Budget ist bereits vergeben. Wenn Sie als Führungskraft ein Team haben, beispielsweise ein Marketing-Team, wie stellen Sie es auf? Mit vier oder acht fest angestellten Beschäftigten, die dann für die jeweiligen Bereiche zuständig sind? Oder haben Sie nur zwei fest angestellte Beschäftigte und darum herum einen Pool von Textern, Grafikerinnen, Designerinnen oder Ideengebern in bestimmten Bereichen?

Die zweitere Variante, ein temporäres kreatives System, verhindert, dass Ihr Team immun gegen neue Ideen wird. Das israelische Unternehmen FiverR hat aus der Idee der temporären kreativen Systeme eine Geschäftsidee gemacht: Einen Online-Marktplatz für kreative Dienstleistungen. 2019 ging das Unternehmen an die Börse.

Ein temporäres kreatives System zu schaffen, bedeutet nicht, auf alle festangestellten Beschäftigten zu verzichten. Sie sind weiterhin wichtig: Es sind die Fachleute, deren Know-how das Unternehmen trägt. Es bedeutet, Luft für kurzfristige Projektverträge mit Menschen zu schaffen, die das für ein Projekt kurzfristig notwendige Wissen aus anderen Bereichen einbringen.

Im nächsten Abschnitt gehen wir einen Schritt weiter. Damit die Denktechniken, die ich Ihnen vorgestellt habe, erfolgreich werden, bedarf es zunächst einer neuen Definition dessen, was ein Unternehmen eigentlich ausmacht. Schließlich bringt ein Reset nur dann etwas, wenn Sie bereit sind, das bestehende wirklich radikal infrage zu stellen.

4.2 Definieren Sie den Begriff »Unternehmen« neu

Ein Unternehmen, was ist das eigentlich? Das war früher einfach zu beantworten. Ein Unternehmen besteht aus Gebäuden, in die Beschäftigte morgens hineingehen und abends wieder herauskommen. In der Zwischenzeit wird etwas produziert.

So sah auch das Vodafone Innovation Center bis Mitte der 2010er-Jahre aus. In einem Gebäude in Düsseldorf standen auf mehreren Tausend Quadratmetern Serverschränke, zwischen denen Hunderte von Kilometern Kabel verlegt wurden. Die Serverlandschaft bildete das komplette Mobilfunknetz von Vodafone nach. Als Sandkasten. Zum Spielen. Doch wozu der Aufwand?

Bevor beispielsweise ein Smartphone-Hersteller wie Huawei oder Apple neue Geräte auf den Markt bringt, werden diese in unterschiedlichsten Konstellationen getestet:

- Was passiert, wenn das Gerät die Funkzelle wechselt, die beiden Funkzellen aber mit unterschiedlichen Technologien ausgestattet sind und währenddessen gerade ein Download läuft?
- Wie reagiert das Mobilfunknetz, wenn Tausende von Mobiltelefonen in einem voll besetzten Fußballstadion gleichzeitig Meldungen absetzen? Beispielsweise Positionsmeldungen, die von Apps angefragt werden?
- Wie gut geht das neue Smartphone mit den bestehenden Eigenarten verschiedener Mobilfunknetze um?

All diese Fragen wurden in Düsseldorf geklärt. Das Vodafone Test & Innovation Center war exakt das, was man sich unter einem klassischen Unternehmen vorstellte: Ein Gebäude mit Beschäftigten, die morgens an ihrem Arbeitsplatz erschienen, ihn abends wieder verließen und zwischenzeitlich Testergebnisse produzierten.

Und so sah die Zusammenarbeit mit den Kunden aus.

Beispiel: Test von Funktionen in Mobilfunknetzen

Nehmen wir an, Apple möchte bei der Entwicklung des neuen iPhones testen, wie gut eine innovative SMS-Funktion in den aktuell bestehenden Mobilfunknetzen funktioniert. Dann gibt es zwei Möglichkeiten:

Die erste: Ihnen als Kunden das Gerät verkaufen und schauen, ob Sie fluchend wieder im Geschäft erscheinen und sich beschweren. In der Regel eine schlechte Option. Die zweite Möglichkeit: alle Funktionen vorher in Testnetzen ausprobieren. Genau das wird getan.

Durch eine Verbindung zum Vodafone Test und Innovation Center kann Apple im Silicon Valley ein deutsches Mobilfunknetz simulieren und Tests innerhalb dieses »deutschen« Netzes durchführen. Besonders wichtig sind solche simulierten Netze, wenn Entwicklungen in einer Mobilfunkumgebung getestet werden sollen, die noch gar nicht offiziell verfügbar ist. Also eine Anwendung im 6G-Highspeednetz (das ab 2030 verfügbar sein soll), während Sie sich als Kunde fragen, warum nicht einmal der aktuelle Standard 5G bei Ihnen verfügbar ist. Wenn also Entwicklungen für künftige Mobilfunkstandards getestet werden sollen, die aktuell aber nur in einer Testumgebung verfügbar sind, dann werden diese im Silicon Valley durchgeführt, die Signale in Düsseldorf verarbeitet.

Der Reset begann ganz einfach: Der Mietvertrag lief aus

Vielleicht würde das Testzentrum von Vodafone heute noch in der damaligen Form existieren. Immerhin hatte es Jahre gedauert, es aufzubauen. In jeder Serverkonfiguration und in jeder Verbindung steckte tiefes Know-how. Doch es kam anders. Der Mietvertrag lief aus, er konnte nicht verlängert werden. Anstatt alle Rechner und alle Kabel einfach einzupacken und woanders wieder aufzubauen, führte das Management einen grundlegenden Reset durch: Wer sind wir eigentlich? Was macht uns aus?

- Sind es die Räumlichkeiten?
- Sind es die kilometerlangen Netzwerkkabel?
- Ist es der hoch spezialisierte Serverpark?
- Ist es unsere Kompetenz, Kunden genau die Testumgebung zur Verfügung zu stellen, die sie benötigen?

Die Antwort war überraschend: Nein, es waren weder die Räumlichkeiten noch die Server noch die Kabel. Es war nicht einmal der Ort. Es war die Kompetenz, Kunden eine passgenaue Testumgebung zur Verfügung zu stellen. Daraus entstand die nächste Frage: Wenn das Wesen unserer Einheit die Kompetenz ist, die Kunden hilft, ein bestimmtes Ziel zu erreichen, brauchen wir dann noch die Räumlichkeiten und die Server?

Das Vodafone Test & Innovation Center führte erneute einen Reset durch. Diesmal einen operativen: Die gleichen Server, die in Düsseldorf standen, standen in gleicher Bauart auf der ganzen Welt verteilt.

- Was wäre, wenn ein Gerätehersteller im Silicon Valley ein deutsches Mobilfunknetz simuliert bekäme, die Daten aber nicht nur in Düsseldorf verarbeitet würden, sondern weltweit?
- Was würde passieren, wenn das SMS-Modul, das gerade eingebunden wird, bei Ericsson in Schweden steht, die Simulation der Sende- und Empfangsstation bei Huawei in China und die Zusammenstellung des Mobilfunknetzes in Düsseldorf erfolgt?

Das Vodafone Test & Innovation Center ist heute der Vodafone Innovation Park. Er hat statt ursprünglich mehrerer zehntausend Quadratmeter Serverfläche nur noch mehrere tausend. Eine Reduktion um knapp neunzig Prozent. Zwar gehen Beschäftigte immer noch an ihren Arbeitsplatz, jedenfalls manchmal, doch die Simulation eines deutschen Mobilfunkstandards lässt sich genauso vom heimischen Küchentisch aus erledigen.

Dieses reale Beispiel könnte man noch weiterdenken: Was wäre, wenn die Hauptkompetenz darin bestehen würde, unterschiedliche Spezialunternehmen, die wiederum einzelne Tests durchführen, so miteinander zu verknüpfen, dass daraus für den Kunden ein definierter Mehrwert entsteht? Was wäre, wenn die Kompetenz nicht mehr das Durchführen, sondern das Koordinieren von Testtätigkeiten wäre?

Was wäre dann eigentlich das Unternehmen? Mit Fragen wie diesen wird sich das Management in den kommenden Jahren mehr und mehr auseinandersetzen müssen. Die Struktur und der Aufbau einer Organisation orientieren sich am Wert, der für Kunden geschaffen wird.

Was ist eigentlich eine Bank? Was ist eine Einzelhandelskette?

Überträgt man dieses Beispiel auf eine Bank, wird das Ausmaß dieser existenziellen Fragestellung deutlich. Was ist eine Bank? Diese Frage war noch vor wenigen Jahren einfach zu beantworten. Es ist ein Büroturm beispielsweise in der Frankfurter Innenstadt oder eine Unternehmenszentrale – zum Beispiel einer Sparkasse oder Volksbank – mit angeschlossenen Filialen. Morgens betreten Bankbeschäftigte ihren Arbeitsplatz, dort erledigen sie die Aufgaben, die getan werden müssen, anschließend gehen oder fahren sie wieder nach Hause.

Das Filialsterben der vergangenen Jahre hat gezeigt, dass diese Vorstellung inzwischen überholt ist. Genau wie das Vodafone Test & Innovation Center vor einigen Jahren muss sich das Management von Banken der Frage stellen:

- Wer sind wir in Zukunft?
- Wer wollen wir sein?
- Was ist der Wert, den wir beispielsweise unseren Geschäftskunden vermitteln?

Der Vodafone-Logik folgend könnte die Hauptkompetenz einer Bank künftig darin bestehen, aus einer Vielzahl von Optionen Geschäftskunden die erforderliche finanzielle Stabilität zur Verfügung zu stellen. Die Bank als Plattform unterschiedlicher Lösungen für Geschäftskunden. Ein Modell, das beispielsweise der Genossenschaftsverband/Verband der Regionen stark fördert.

Hat das klassische Organigramm ausgedient?

Kennen Sie Daniel McCallum? In Ihrer beruflichen Laufbahn haben Sie es häufiger mit seiner Erfindung zu tun. Mitte des neunzehnten Jahrhunderts war McCallum General Manager eines großen amerikanischen Eisenbahnunternehmens. Er musste eine für damalige Verhältnisse gigantische Aufgabe bewältigen: Als Vorstandsvorsitzender der Erie Eisenbahnlinie, die New York mit Chicago (am Lake Erie, daher der Name) verband, stand er vor der Aufgabe, etwas zu organisieren, was es in diesem Ausmaß zuvor nur sehr selten gegeben hatte: den Vorläufer heutiger Großkonzerne. Es gab damals weder ein Internet noch existierten Datenbanken, in denen Beschäftigten ihren Abteilungen und Vorgesetzten schnell und flexibel zugeordnet werden konnten.

Wenn die Unternehmensleitung mit ihren einzelnen Abteilungen kommunizieren wollte, tat sie dies über Telegrafenleitungen. Es wurde gemorst. Eine Frage wie »Wer ist am Standort Cleveland für die Verlegung neuer Gleise zuständig?« zu klären, war zum damaligen Zeitpunkt eine kommunikative Herausforderung.

Zudem hatte das Unternehmen Mitte des neunzehnten Jahrhunderts mit einem großen Problem zu kämpfen: den steigenden Kosten im Frachttransport. Die New York and Erie Railroad war so sehr gewachsen, dass kleine Unternehmen den Transport von Gütern inzwischen deutlich günstiger anbieten konnten. McCallum untersucht die Ursachen und kam schnell zu einem Ergebnis: In kleineren Unternehmen konnten Vorgesetzte problemlos ihren Wirkungsbereich überblicken und damit direkt eingreifen, bevor es zu einer

Kostenexplosion kam. Doch bei der Verwaltung größerer Unternehmen, bei denen die Standorte mehrere hundert Kilometer auseinander lagen, waren große Unternehmen unterlegen.

Was tat McCallum? Er unternahm einen Reset. Und er überlegte sich, wie er ein System entwickeln konnte, mit dem er durch klare Zuständigkeiten und Verantwortlichkeiten, klare Hierarchien sowie transparente Prozesse und Abläufe sein Unternehmen effizienter machen konnte. Eine seiner Lösungen: ein Organigramm. Da PowerPoint zum damaligen Zeitpunkt noch nicht erfunden war, engagierte er einen Grafiker, der genau festlegte, wie das Unternehmen strukturiert war.

Auch Kommunikationswege wurden festgelegt. Denn Kommunikation war damals langsam, aufwendig und teuer. Entsprechend war es nicht zielführend, dass der Stationsvorsteher in New York die Verantwortlichen für den Gleisbau Hunderte von Kilometern weiter kontaktiert, um schnell herauszufinden, ob die Züge voraussichtlich pünktlich die Baustelle passieren können. Heute wäre das anders. Die wenigsten Kunden hätten Verständnis dafür, wenn ein Unternehmen seinen Kunden stundenlange Wartezeiten zumutet, nur weil ein Unternehmensteil aufgrund langer und starrer Meldewege von einem anderen Unternehmensteil nicht rechtzeitig informiert wurde.

Wenn wir heute Unternehmen umorganisieren, das heißt das Organigramm anpassen, arbeiten wir mit einem Managementtool, das zur Lösung von Problemen der Industrialisierung entwickelt worden war. Fast schon ein Anachronismus: Zur Bewältigung von Herausforderungen der Zukunft setzen wir mitunter Lösungen ein, die vor mehr als einhundertfünfzig Jahren entwickelt wurden, um die Probleme der damaligen Zeit in den Griff zu bekommen.

Wie sieht ein Unternehmen aus, das sich auf den Kundennutzen fokussiert?

Das Unternehmen der Zukunft ist nicht mehr die starre Organisation, die sie vielfach in der Vergangenheit war. Es ist vielmehr eine Vereinigung unterschiedlicher Geschäftseinheiten, die jeweils einen unterschiedlichen Kundennutzen bedienen: mit unterschiedlichen Managementansätzen und unterschiedlichen Kulturen.

Dort wo Stabilität und Zuverlässigkeit die wichtigsten Erfordernisse sind, beispielsweise in der millimetergenauen Produktion von Teilen, werden starre Strukturen, klare Hierarchien und die Beachtung von Regularien dominieren. Daniel McCallum hätte daran seine Freude gehabt. Die Ergebnisse, die aus diesen Strukturen herauskommen, sind keine bahnbrechenden Veränderungen, sondern eine zuverlässige Reproduktion des immer Gleichen. Durch kontinuierliche Verbesserung werden bestehende Standards optimiert, aber nicht erneuert.

Diese Unternehmen beziehungsweise Unternehmensbereiche dürfen veränderungsresistent sein, sie müssen es teilweise sogar. Denn ihr Hauptprodukt ist Zuverlässigkeit. Weder möchten Sie von einer Pilotin geflogen werden, die die Regeln der Flugsicherheit kreativ auslegt, noch möchten Sie als Kunde oder Kundin, dass die Verantwortlichen Ihres Energieversorgers irgendetwas tun, was das Stromnetz zum Schwanken bringt. Veränderungsresistenz als Qualitätsmerkmal.

Andere Unternehmenseinheiten sind auf einen anderen Kundennutzen ausgerichtet: beispielsweise die Entwicklung innovativer Dienstleistungen und neuer Angebote. Ihr Kernnutzen ist nicht Stabilität, sondern Überraschung. Diese Einheiten haben eine starke Innovationskultur, das Bestehende wird kontinuierlich infrage gestellt, verbessern allein genügt nicht: Angebote und Services werden kontinuierlich neu gedacht.

In einer Organisation, die auf den Kundennutzen ausgerichtet ist, bestehen starre und flexible Unternehmensstrukturen parallel zueinander. U-Boot-Projekte, von denen das Topmanagement zunächst nichts oder nur wenig mitbekommt, existieren parallel zur Ideen-Guerilla wie bei Boeing und zu einem Intrapreneur-System, in dem Beschäftigte interne Start-ups starten.

Zwei Betriebssysteme

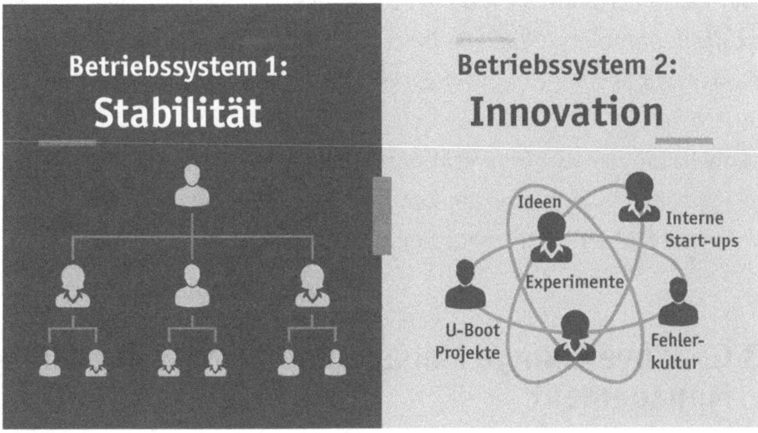

In der Wissenschaft ist dieses Prinzip als »Ambidextrie« bekannt: Eine beidhändige Organisation, die gleichermaßen bewahrt und erneuert. Dieses Prinzip wird heute in der Praxis bereits angewendet und immer weiterentwickelt. Denn es geht nicht mehr nur um Erhalten und Erneuern. Die Organisation der Zukunft wird eher eine Republik als ein zentralistischer Staat. Man muss nicht weit schauen, um Beispiele zu finden.

Beispiel: Bahn ist nicht gleich Bahn
Wenn wir heute von der Deutschen Bahn als »Die Bahn« sprechen, ist das verkehrt. »Die Bahn« gibt es nicht. Die Deutsche Bahn folgt dem klassischen Republikmodell. Mit Kulturen und Strukturen, die unterschiedlicher kaum sein könnten. Das Kernprodukt von DB Netze, also dem Betreiber des Schienennetzes, ist Zuverlässigkeit. Trägheit ist ein Qualitätsmerkmal. Der DB Navigator ist das andere Extrem. Ein hochinnovatives digitales Serviceangebot, das ständig erneuert und erweitert wird. Innovation und der Fokus auf eine digital orientierte Kundschaft sind das Ergebnis dieses Geschäftsbereichs.
Mit der Kultur der DB Netze wäre der DB Navigator nie entstanden. Umgekehrt taugt die Innovationskultur, die hinter Entwicklungen wie dem DB Navigator steht, nur sehr bedingt zum zuverlässigen gleichmäßigen Betrieb eines Netzes.

Bei Entwicklungen von Organisationsmodellen der Zukunft richten sich die unterschiedlichen Einheiten am Kundennutzen aus, den sie erzielen wollen. Erzwungene Einheitlichkeit wird zum Wachstumshemmnis.

4.3 Goodbye Change Management – Welcome Change Management

Im Jahr 2030 – so der 2022 veröffentlichte »Future of Job Report« der Boston Consulting Group und des Handelsblatts – gehören Agiles Coaches, Change Analysts und Change Manager (m/w) zu den bestbezahlten Positionen im Unternehmen – mit Gehältern ab fünfundsiebzigtausend Euro aufwärts. Allerdings ist Change Mangement nicht mehr das, was es bislang war.

Denn es ist ja nicht so, als hätte es in der Vergangenheit in Unternehmen nicht schon radikale Veränderungen gegeben. Im Gegenteil: Es wird ständig umstrukturiert.

- Teams und Gruppen werden neu zusammengesetzt,
- Zuständigkeitsbereiche geschaffen, verändert und wieder abgeschafft,
- langweilig klingende Jobbezeichnungen (Nachhaltigkeitsbeauftragte) in wohlklingende Jobtitel (»Leading Group Expert Sustainability«) geändert,
- andere Räumlichkeiten bezogen (»Unser Digital Lab in der Berliner Start-up-Szene«).

Die Neunzigerjahre hingegen glichen rückwirkend einem Dornröschenschlaf. Veränderungen fanden deutlich seltener statt, und wenn, dann wurden sie durch aufwendige Change Management Programme wie das Harvard-Konzept begleitet. Im Wesentlichen sahen diese Ansätze drei wesentliche Schritte vor: Defreezing, Changing, Refreezing.

Defreezing: Den bisherigen Zustand auflösen

Wer etwas verändern wollte, hatte es schon immer schwer. Organisationen und Unternehmen verfügen über das, was Sie im Zusammenhang mit Boeing als »Corporate Immune« kennengelernt haben. »Defreezing« ist laut Harvard der erste Schritt auf dem Weg der Veränderung. Das Management wird unter anderem dazu angehalten, eine Krise zu schaffen, die als offensichtlicher Auslöser für Veränderung dient. Nur dann, so die Theorie, würden sich Beschäftigte aus ihrem Dornröschenschlaf lösen und eine Bereitschaft zur Veränderung entwickeln.

Changing: Die künftigen Strukturen schaffen

Nach dem Defreezing rückt ein Heer von Change Consultants an, die sorgfältig die inzwischen veränderungsbereiten Beschäftigten an die Hand nahmen, ihnen die Strukturen und Aufgaben der Zukunft erklärten und sie auf ihre künftigen Rollen vorbereiteten.

Begleitet wird der Veränderungsprozess durch ein aufwendiges Weiterbildungsprogramm: halbtägige Workshops, ein- oder zweitägige Seminare. Alle Maßnahmen werden sorgsam aufeinander abgestimmt.

Refreezing: Das neue Normal schaffen

Zurück in den Dornröschenschlaf. Endlich. Den Beschäftigten war viel Veränderung zugemutet worden, sie sind am Ende ihrer Kräfte. Jetzt gilt es, möglichst schnell einen neuen stabilen Zustand wieder herzustellen. Die neuen Regularien, Prozessbeschreibungen und Arbeitsanweisungen werden im Alltag trainiert. Mit dem Ziel, möglichst schnell wieder stabil zu arbeiten.

Schon in den Neunzigern wurden diese Ansätze von der Realität überholt

Das Konzept des Harvard Changemanagements eignet sich perfekt für Organisationen, Bereiche und Teams, bei denen das Hauptergebnis (der Output) ihrer Arbeit Stabilität ist.

Beispiel: Wo zu viel Agilität schadet

»Wir haben jetzt auf agiles Arbeiten umgestellt, da sind die Rollen und Zuständigkeiten verschwommen.« Das ist wahrscheinlich der letzte Satz, den Sie von einem Flugzeugtechniker hören möchten, wenn Sie ihn fragen, wer sich wann das letzte Mal den Zustand der Landeklappen angesehen hat. Denn bei der Wartung von Flugzeugen erwarten Sie als Kunde so viel Sicherheit wie möglich unter kontrollierten Bedingungen.

»Für unsere Reportings gibt es keine einheitlichen Standards, das macht jedes Team so, wie es das für richtig hält.« Willkommen im Horrorszenario einer Controllingabteilung. Nichts ist mehr miteinander vergleichbar, die Standardantwort auf jede Frage lautet: »Das kann ich nicht so genau sagen, da muss ich erst mal die unterschiedlichen Zahlenwerke miteinander vergleichen. Kommen Sie doch einfach nochmal in sechs Wochen wieder.«

»Was? Ihre Kundenbeschwerde wurde nicht bearbeitet? Da können wir Ihnen leider nicht helfen. Sie ist bestimmt irgendwo in der Organisation. Wir haben auf agil umgestellt. Nach dem Motto: Sind wir agil, wird's Ihnen zu viel.« Auch nicht unbedingt ein Rezept, um Kunden glücklich zu machen.

Von daher wäre es verfrüht, Konzepte wie das Harvard-Programm für Change Management sofort und pauschal für ungültig zu erklären. In vielen Bereichen unseres täglichen Lebens arbeiten Unternehmen, Bereiche und Teams daran, die größtmögliche Stabilität zu produzieren. »Wie bitte? Die M6-Schraube passt nicht zu der M6-Mutter, die Sie gekauft haben? Wir haben gerade eine kreative Phase im Unternehmen, da kann das schon mal passieren.«

Zuverlässigkeit ist einer der wesentlichen Treiber von erfolgreichen Unternehmen. Es ist das, was hinter Normen wie ISO 9001 für Qualitätsmanagement steckt und was dort tief in der Philosophie verankert ist: Sorge dafür, dass ein Unternehmen zuverlässig alles so organisiert, dass Kundenzufriedenheit keine Frage des Zufalls ist. Dazu gibt es innerhalb von Unternehmen klassische Instrumentarien:

- Prozess- und Verfahrensbeschreibungen,
- Organigramme,
- Zuständigkeiten,
- Arbeitsplatzbeschreibungen,
- Rollen und Verantwortlichkeiten,
- Erfolgskennzahlen,
- regelmäßige interne Reviews und Audits et cetera

Auch die Notwendigkeit für ständige Verbesserung und Innovation ist in ISO 9001 geregelt. Stabilität und Veränderung schließen sich also nicht aus. Und – allen Unkenrufen von agilen Organisationen zum Trotz – wird auch in den Märkten der Zukunft Stabilität und Zuverlässigkeit einer der entscheidenden

Wettbewerbsvorteile von Unternehmen sein. Und doch hat sich etwas verändert. Die nächsten Jahre sind von dem zentralen Konflikt geprägt, den ich beschrieben habe. Das erfordert eine radikalere Neuausrichtung: Stabilität dort, wo es zwingend notwendig ist, Optimierung und Verbesserung dort, wo es genügt, aber radikales Umdenken dort, wo neue Märkte erschlossen, neue Chancen ergriffen und eine massive Effizienzsteigerung erreicht werden soll. Für das Change Management bedeutet das eines: es unterliegt selbst von einem radikalen Wandel. Es gilt, Organisationsstrukturen für das Zeitalter künstlicher Intelligenz zu entwickeln.

4.4 Organisationsstrukturen im Zeitalter künstlicher Intelligenz

Die Fähigkeiten von KI/ML (Künstliche Intelligenz/Machine Learning) beruhen darauf, dass eine Frage wie: »Kannst Du bitte etwas vom Chinesen bestellen?« unterschiedlich interpretiert werden kann.

Es ist Mittagszeit, Sie sind privat in Augsburg unterwegs und haben Hunger. Dann meinen Sie mit hoher Wahrscheinlichkeit: »Alexa, kannst Du bitte beim nächsten chinesischen Restaurant etwas bestellen?« Sind Sie Einkaufsleiterin eines Technologiekonzerns, könnte die gleiche Aussage jedoch etwas vollkommen anderes bedeuten.

Kontextbezogene Informationen zu erkennen und darauf basierend individuelle Ergebnisse zu liefern, diese Fähigkeit künstliche Intelligenz wird in den nächsten Jahren zu einem der Haupttreiber der Unternehmensentwicklung. Das Potenzial dieser Technologien besteht jedoch nicht nur in der Nutzung von Sprachassistenten – dort werden sie nur am offensichtlichsten deutlich. Das verdeutlicht die Studie Machine Learning 2021 von Lufthansa Industry Solutions und Microsoft.

Zwei Drittel aller deutschen Unternehmen nutzen bereits Machine Learning, bei großen Unternehmen sogar dreiundsiebzig Prozent. Produktionsumgebungen werden in vielen Unternehmen wie selbstverständlich durch neueste Technologien optimiert. Auch das Management der IT-Infrastruktur ist ohne automatisierte selbstlernende Systeme schwer zu managen. Einsatzfelder sind heute beispielsweise die automatisierte Bearbeitung von Schadensmeldungen, die Qualitätssicherung und die Optimierung der Lieferkette.

Auch im Kundenservice bei sogenannten Customer-Self-Service-Angeboten werden neue Anwendungsfälle geschaffen. Ein interessantes Ergebnis der Studie ist, dass die Unternehmensorganisation an KI und Machine Learning angepasst wird. Also: nicht die Technologie wird in bestehende Strukturen hineingezwängt. Sondern die Strukturen werden neu entwickelt.

Technology first!

Dahinter steckt ein im Kern simpler Gedanke: Was bringt eine Technologie, die einen Prozess um zweihundert, fünfhundert, tausend oder sogar mehr Prozent effizienter macht, wenn die Organisation, die dies effizient nutzen soll, in ihren alten Strukturen stecken bleibt? Das wäre widersprüchlich, denn die Verbesserung interner Prozesse ist das Hauptmotiv von Unternehmen bei der Einführung von Anwendungen künstlicher Intelligenz und maschinellem Lernen. Diese Umstrukturierungen sind häufig so radikal, dass es mit einem einfache Defreeze-Change-Refreeze-Konzept, das ich im letzten Abschnitt beschriebne habe, nicht getan ist. Auch haben sich die Voraussetzungen geändert. Eine Krise muss nicht mehr künstlich erschaffen werden, sie ist bereits offensichtlich da.

- Wenn der agile Mitbewerber Schadensmeldungen mithilfe künstlicher Intelligenz in nur fünf Prozent der Zeit bearbeitet, die ein träges Unternehmen braucht, ist der Wettbewerbsvorteil offensichtlich.

- Mehr noch: Was früher »nur« eine Krise war, kann sich schnell zum Super-GAU ausweiten. Unternehmen, die in einer solchen Situation notwendige Anpassungen nicht vornehmen, können später abgehängt werden, weil sie den Vorsprung nicht mehr aufholen.

Beispiel: Wie Corona den Einzelhandel traf

Die Corona-Pandemie hat den stationären Einzelhandel mit voller Wucht getroffen, jedoch war Corona vielfach nur der Beschleuniger, nicht die Ursache. Ob die Adler Modemärkte (Mitte Januar 2021 Antrag auf Insolvenz in Eigenverwaltung), Douglas (Schließung von fünfhundert Geschäften in Europa), ESPRIT (2020 Insolvenz in Eigenverwaltung), Galeria Karstadt Kaufhof oder H&M, überall wurden tiefe Einschnitte angekündigt. Dabei geht es nicht um eine Optimierung der Gewinne, sondern vielfach um das nackte Überleben.

2019 war bereits kein gutes Jahr für den stationären Einzelhandel. 2021 – so die Bilanz Anfang 2022 – lagen die Umsätze noch einmal dreißig Prozent darunter. »Die Not ist hier beispielsweise im stationären Textilhandel nach wie vor groß«, erklärt Verbandsgeschäftsführer Stefan Genth Anfang 2022.

4.5 Was heißt Reset? Alles neu machen?

Das Bewährte erhalten oder die Organisation neu erfinden? Was ist die richtige Strategie? Die Antwort: beides.

Auch wenn der Reset für die gesamte Organisation durchgeführt wird, bedeutet das nicht, dass die Antwort in jedem Fall lauten muss: Alles agil, alles neu. Im Gegenteil. Die Zukunft gehört der hybriden Organisation:

- Unternehmensstrukturen, die – dort wo es sinnvoll ist – in stabilen Prozessen arbeiten, zu einem großen Teil sogar veränderungsresistent sind. Veränderungsresistenz ist ein Wettbewerbsvorteil.
- Zugleich agil und vernetzt dort, wo das Ergebnis der Tätigkeit nicht die Aufrechterhaltung stabiler Zustände ist, sondern die Optimierung des Bestehenden oder die Erkundung neuer Ansätze und Geschäftsmodelle.

Das Prinzip des Resets durchzieht regelmäßig die gesamte Organisation. Alle Strukturen werden regelmäßig auf den Prüfstand gestellt. Und immer wieder wird ein Reset durchgeführt:

- Sind die Prozesse noch zeitgemäß?
- Sind die Ziele richtig formuliert?
- Sind die Teams richtig zusammengesetzt?
- Sind die Ressourcen richtig eingesetzt?

Reset-Frage: Würde man die Organisation heute noch so bauen?

Wenn Sie aus dem Ausland ankommen und am Frankfurter Flughafen landen, können Sie perfekt studieren, was es heißt, wenn Strukturen stets erweitert, aber niemals wirklich neu gedacht werden.

Beispiel: Orientierungslos am Frankfurter Flughafen

Ankunft am Terminal B. Sie möchten weiter fliegen an ihr Ziel irgendwo in Deutschland. Die Umsteigezeit: knapp fünfundvierzig Minuten.

Sie ahnen bereits: das könnte knapp werden. Kaum sind Sie angekommen, stehen Sie in der Schlange vor der Passkontrolle. Und dann geht es los. Ihr Ziel: A66, ein Gate, dass sich dummerweise etwas außerhalb befindet.

Zunächst geht es herunter zu einem Gang. Wahlweise über einen von zwei Aufzügen, vor dem sich Schlangen bilden. Oder über eine kleine Treppe hinunter. Jetzt sind Sie im langen Tunnel. Laufen, laufen, laufen. Auf der anderen Seite geht es genauso wieder nach oben: Aufzüge oder Treppen.

Dann stehen Sie im Terminal A. Mittlerweile sind rund zwanzig Minuten vergangen. Sie sprinten los. A14, A16, A32, Sie wähnen sich jetzt kurz vor dem Ziel. Noch fünfzehn Minuten. Mist, wo ist A66 geblieben? Bei A42 hört der Gang auf. Was ist passiert?

Sie haben die entscheidende Abzweigung vergessen. Bei A42 ist die Welt tatsächlich zu Ende. A43 bis A49 existieren nicht, es geht weiter mit A50. Nur eben nicht hier. Schreck! Was ist passiert? Sie sprinten zurück. Und stellen fest: A50 liegt praktisch direkt neben A14. Das klingt sehr logisch, denken Sie. Sie haben noch sieben Minuten. Also: abbiegen und im Dauerlauf Richtung A66. Mit letzter Kraft kommen Sie an.

Woran liegt das? Der Frankfurter Flughafen wurde Stück für Stück erweitert. Es wurde – wenn wachsender Bedarf entdeckt wurde – immer noch etwas Neues hinzu gebaut.

- Terminal 1 stammt aus dem Jahr 1972. Damals dachte man an vieles. Nur nicht daran, dass man eines Tages weitere Terminals benötigen würde, dass ein Großflugzeug wie der A380 abgefertigt werden soll und dass der Flugverkehr so drastisch zunehmen würde. Und dann wurde angebaut.
- 1992 war Richtfest für Terminal 2.

- 1997 wurde zwischen Terminal 1 und Terminal 2 Flugsteig D dazwischen gequetscht.
- Im Jahr 2000 wurde Flugsteig A im Terminal 1 um fünfhundert Meter verlängert.
- 2012 wurde Flugsteig A-Plus eröffnet, ungefähr achthundert Meter lang.

Das führt heute dazu, dass Sie sich als Fluggast fühlen wie bei einem Orientierungslauf: Wo geht es hin? Was muss ich tun? Wie weit ist das? Echt jetzt?

Es gibt Unternehmen, die sind aufgebaut, wie der Frankfurter Flughafen

Unternehmen neigen dazu, das gleiche zu tun, wie der Frankfurter Flughafen: Jedes Mal, wenn eine neue Herausforderung kommt, wird angebaut. Nicht neu gedacht.

- Hier kommt eine Abteilung hinzu,
- dort noch ein Prozess,
- hier eine Arbeitsanweisung und
- eine Verfahrensbeschreibung.

Bei einem Organizational Reset gehen Sie anders vor. Die Grundfrage lautet: Würden Sie die Organisation heute neu aufbauen, wären die Strukturen, die Ziele, die Arbeitsweisen und die Methoden die gleichen? Oder würden Sie zu anderen Ergebnissen kommen? Doch was wird bei einem Reset infrage gestellt? Hier einige Fragen und Beispiele.

Kategorie	Frage	Beispiel
Autonomie	Wie hoch ist der Grad der Selbstbestimmtheit von Beschäftigten beim Arbeiten? Ist es für das Ergebnis besser, wenn sie strengen Regularien folgen oder spontan entscheiden, was das Richtige ist?	Ein Innovationsteam testet neue digitale Lösungen. Wer entscheidet darüber, was getestet wird? Welche internen Vorschriften sollen wann angewendet werden? Wer entscheidet, wann ein Test erfolgreich ist?
Ort	An welchem Ort findet die Einheit das passende Ökosystem, um ihre Ziele erreichen zu können?	Muss die Einheit zur Entwicklung neuer digitaler Geschäftsmodelle wirklich im Silicon Valley angesiedelt sein? Oder ist genau das ihr Nachteil, weil sie zu weit weg ist vom klassischen Geschäft?
Team-zusammen-setzung	Wie spezialisiert beziehungsweise breit muss das Know-how der Teammitglieder sein?	Ist es sinnvoll, bei der Umsetzung einer Nachhaltigkeitsstrategie eine radikale Umweltschützerin im Team zu haben, weil sie das Team davor schützt, in die Komfortzone des Bewährten zurückzufallen?
Prozesse und Abläufe	Sind festgelegte Prozesse und Abläufe nach wie vor sinnvoll? Oder gibt es andere, die diese Prozesse automatisiert, digitalisiert oder radikal verändert haben?	Ein Chatbot übernimmt Anfragen in der Kundenkommunikation. Welche Folgen hat das für die Serviceabteilung? Wird sie in dieser Form überhaupt noch benötigt?
Erfolgskenn-zahlen	Welche Erfolgskennzahlen gelten für die Einheit? Wie kann der Erfolg gemessen werden?	Wie definierten Sie beispielsweise den Erfolg einer Nachhaltigkeitsstrategie? Oder den Erfolg Ihrer Digitalisierungsprojekte?

Fragen wie diese müssen sich Unternehmen immer wieder und immer wieder stellen. Und zwar regelmäßig. Tatsächlich kann dabei das Ergebnis sein, dass es das Beste ist, alles beim Alten zu belassen.

Beispiel: Ihre private Urlaubsplanung

Stellen Sie sich vor, Sie träumen von einem Urlaub. Nicht wieder Ostsee. Sondern mal weit weg. Sie lassen sich alle Angebote über die Malediven, die Karibik, Dubai und Thailand zukommen. Sie studieren sie aufmerksam und diskutieren alle Optionen in der Familie. Am Ende kommen Sie gemeinsam zum Ergebnis, dass der beste Familienurlaub eine Reise an die Ostsee ist.

Bevor Sie die Alternativen geprüft haben, hätten alle Familienmitglieder gemeckert:
»Immer nur Ostsee, können wir uns nichts Besseres leisten?«
»Und was ist, wenn es wieder an der Ostsee regnet?«
»Voll langweilig. Schon das fünfte Mal.«

Durch die Diskussion entsteht jedoch eine gemeinsame Sicht auf die Dinge. Der Siebzehnjährige findet, dass ein Flug in die Ferne zu klimaschädlich ist, die Fünfzehnjährige will lieber stabiles WLAN als Sonne und die Eltern haben eigentlich gar keine Lust auf lange Reisen.
Die Diskussion ist das Wertvolle. Der familieninterne Reset: Alles auf null. Lass uns Urlaub noch mal komplett neu und anders denken.

Die Familie hätte auch zum Ergebnis kommen können, dass Thailand besonders attraktiv ist, weil die Preise in diesem Jahr günstig sind und sich alle an der Ostsee zu Tode langweilen.

Das gleiche tun Sie im Unternehmen: Das Ergebnis könnte sein, dass die bestehenden Strukturen und Organisationseinheiten optimal sind. Oder eben nicht. Ohne Reset hätten Sie das nie herausgefunden. Stattdessen hätten Sie vielleicht versucht, mit Strukturen, die für die Herausforderungen der Vergangenheit entwickelt wurden, die Probleme der Zukunft zu lösen.

Braucht die Organisation für einen Reset neue Managementsysteme?

In vielen Unternehmen werden komplexe Tätigkeiten durch sogenannte Managementsysteme unterstützt.

- Möchten Sie beispielsweise die Qualität ihrer Produktion sichern, wählen Sie dafür ein Qualitätsmanagementsystem nach ISO 9001.
- Möchten Sie ein Umweltschutzmanagement einrichten, nutzen Sie ISO 14001.
- Und für ein Informationssicherheitsmanagementsystem wählen Sie SO 27001.

Weitere häufig anzutreffende Managementsysteme sind TQM (Total Quality Management), EFQM oder Six Sigma. Selbst Innovations- und Wissensmanagement werden durch Managementsysteme wie ISO 56002 (2019 veröffentlicht) und ISO 30401 (2021 veröffentlicht) unterstützt.

Managementsysteme haben große Vorteile, erlauben sie es doch, komplexe Vorgänge nach einem einheitlichen Vorgehen sicher zu bewältigen. Doch sie werden häufig falsch verstanden. Am Beispiel von ISO 9001 soll das erklärt werden.

Traditionell wird das Qualitätsmanagement nach Normen wie ISO 9001 auf Faktoren wie die Prozessorientierung, die Formulierung einer Qualitätspolitik oder die Einhaltung der Anforderungen für die Dokumentenlenkung beschränkt. Doch ISO 9001 kann viel mehr! Unternehmen, die streng nach ISO 9001:2015 arbeiten, können nicht nur ein Wissensmanagement oder ein Prozessmanagement etablieren, sie können auch Innovation und sogar die digitale Transformation vorantreiben. Und sogar ein Reset, die Neuerfindung eines Unternehmens oder von Teilen eines Unternehmens, wird durch ISO 9001 abgedeckt. Das Einzige was notwendig ist: Sie müssen die Norm etwas moderner interpretieren, als es viele tun.

Denn ISO 9001:2015 ist eine sehr moderne Norm. Bei der Revision 2015 hat die ISO vor allem eines im Blick gehabt: Dass sich Märkte immer schneller verändern und dass Unternehmen mehr und mehr gezwungen sind, ihre Geschäftsmodelle und Produkte zu digitalisieren. Vielfach – so heißt es – stehe ISO 9001 dem im Weg. Die Norm sei zu starr, die Orientierung auf Prozesse und dokumentierte Informationen würde den Status quo viel zu sehr zementieren. Doch das stimmt nicht. Es ist eine Frage der Interpretation. Mit drei Beispielen soll das erläutert werden.

Beispiel 1: Technologiescouting und Trendanalysen

Die Märkte der Zukunft sind von zwei Faktoren geprägt: Technologien (beispielsweise künstliche Intelligenz) verändern sich immer schneller. Und neue gesellschaftliche Trends wie die zunehmende Akzeptanz digitaler Services stellt Verantwortliche vor große Herausforderungen.

Unternehmen müssen routinemäßig Technologien analysieren und auf ihren Einsatz im Unternehmen hin überprüfen. Auch ist es wichtig, sich mit schnell verändernden Kundenbedürfnissen durch die Digitalisierung auseinanderzusetzen.

Hilft ISO 9001 hier? Ja. Und zwar gleich in der ersten Anforderung »Verstehen des Kontextes einer Organisation«. ISO 9001:2015 verfolgt das Ziel, Unternehmen zu langjährigen und verlässlichen Geschäftspartnern hinzuentwickeln. Dazu gehört auch, dass sie neueste Entwicklungen kontinuierlich aufnehmen und in ihre Planung einfließen lassen.

Den Kontext der Organisation und die für die Organisation wichtigen Themen zu analysieren, beinhaltet genau das. Die Frage, die sich das Management stellen muss, lautet: »Was ist aktuell für unser Unternehmen wichtig?« Genau das fordert ISO 9001:2015.

Beispiel 2: Aufbau eines internen Wissensmanagements

Mit nicht einem einzigen Wort fordert ISO 9001:2015, dass Unternehmen ein Wissensmanagement etablieren müssen. Und weil es explizit nicht in der Norm steht, halten viele Unternehmen Wissensmanagement und Qualitätsmanagement für zwei unterschiedliche Disziplinen. Sie sind es aber nicht.

ISO 9001:2015 fordert explizit, dass Beschäftigte das Wissen, das sie zur Erledigung ihrer Aufgaben benötigen, jederzeit abrufen können. Anders gesagt: Wenn Beschäftigte plötzlich mit Gefahrstoffen umgehen sollen, dürfen Arbeitsanweisungen und Sicherheitshinweise nicht im Qualitätshandbuch verstauben, das ungelesen in der Führungsetage liegt.

Ist Qualitätsmanagement also gleich Wissensmanagement? Man kann es zumindest so interpretieren.

Beispiel 3: Die digitale Transformation bewältigen

Sätze wie »Organisationen sind angehalten, der Digitalisierung durch Innovation zu begegnen« werden Sie in der Norm vergebens suchen. Und trotzdem ist ISO 9001 der perfekte Rahmen, um die digitale Transformation umzusetzen. Dass Unternehmen, die den »Kontext der Organisation« (Normtext) verstehen möchten, dies als eine Analyse digitaler Technologien interpretieren können, das wurde bereits beschrieben. Doch ISO 9001 geht weiter.

Die Anforderungen an die Entwicklung, die in Kapitel 8.3 der Norm beschrieben werden, werden häufig missverstanden: »Aha, wir sollen also aufwendige und komplexe Lastenhefte verfassen, in der von der ersten Sekunde an alles genau aufgelistet wird«. Doch das stimmt nicht. Das ist nur eine andere Interpretation. Unternehmen, die in der agilen Softwareentwicklung mit Methoden wie SCRUM arbeiten, erfüllen die Anforderungen genauso.

Gerade bei der Entwicklung digitaler Prozesse und Lösungen sind die Anforderungen von ISO 9001:2015 an die Entwicklung extrem wichtig:

- Eingaben in die Entwicklung konkret definieren,
- die Schnittstellen zwischen unterschiedlichen Beteiligten an der Entwicklung aktiv managen,
- das Ergebnis immer wieder kontrollieren.

Denn in digitalen Entwicklungsprojekten werden vielfach die gleichen Fehler gemacht wie in analogen.

Auch Kapitel 10.3 der Norm, die Verpflichtung zur kontinuierlichen Verbesserung, kann auf unterschiedliche Art und Weise interpretiert werden. Wer darin lediglich die Anforderung an sich selbst ableitet, gelegentlich einen bestehenden Prozess etwas zu optimieren, kann das normkonform tun. Doch ISO 9001:2015 lässt sich auch deutlich moderner interpretieren. Nicht umsonst wird Innovation explizit genannt. Nichts spricht dagegen, in der Norm die Anforderung zu sehen, bestehende digitale Prozesse dahingehend zu überprüfen, ob sie nicht durch den Einsatz künstlicher Intelligenz verbessert oder sogar ersetzt werden könnten. Alles eine Frage der Interpretation.

Fazit: ISO 9001 ist das perfekte Managementsystem für die Herausforderungen der Zukunft

Die Verfasser und Verfasserinnen der Norm haben bewusst einen Katalog von Anforderungen verfasst, der hochgradig interpretierbar ist. ISO 9001:2015 lässt sich als »Universalnorm« interpretieren. Sie hat den Anspruch, für jedes Unternehmen – ob groß oder klein – unabhängig von der Branche – von der Anwaltskanzlei über Software Start-up bis hin zum Maschinenbau – gültig zu sein.

In traditionellen Bereichen des Qualitätsmanagements wurde die Norm lange Zeit so interpretiert, dass sie vor allem in der Produktion angewendet werden soll. Daran sind die Urheber und Urheberinnen der Norm nicht ganz unschuldig:

- Wenn zum Beispiel in der Norm gefordert wird, die Eignung von Messmitteln zu überprüfen, denkt man unweigerlich an ein Messgerät, das in einer Produktionsanlage steht und regelmäßig kalibriert werden muss.
- Doch damit kann genauso gut gemeint sein, dass ein Hotel regelmäßig das Kundenfeedback in Bewertungsportalen überprüft und durch die Anzahl positiver beziehungsweise negativer Bewertungen die eigenen Leistungen aus Sicht von Kunden und Kundinnen misst. So kann beispielsweise ein Hotelmanagement die Qualität der Küche anhand von Messdaten bewerten.

ISO 9001:2015 fordert lediglich, dass das Management regelmäßig überprüfen soll, ob diese Messmittel wirklich dazu geeignet sind, die Leistung objektiv zu messen. Anders gesagt: Sich das eine Bewertungsportal herauszupicken, bei dem es besonders viele positive Kommentare gibt und ein anderes mit negativen Kommentaren zu ignorieren, das ist nicht im Sinne der Norm.

Angesichts von Herausforderungen wie der digitalen Transformation und dem verstärkten Veränderungsdruck ist es wichtig, Normen wie ISO 9001:2015 neu zu interpretieren. Die Norm ist genau das, was man aus ihr macht.

Teil 5 –
Reset Leadership

5.1 Skills und Geisteshaltungen für Führungskräfte der Zukunft

»Befehl! Vorrücken!« Das frühere Verhältnis zwischen Führungskräften und Beschäftigten war vor allem von Befehl und Gehorsam geprägt. Vorgesetzte ordneten an, Beschäftigte führten aus. Diszipliniert. Korrekt. Ohne Widerspruch. Hierarchien, die an das Militär erinnern.

Lassen sich innovative Zukunftskonzepte auf die gleiche Art und Weise erzeugen? »Geistesblitze! Jetzt zünden!« Tatsächlich vertragen sich Innovationsgeist und klassische militärisch geprägte Führungskonzepte nur schwer miteinander. Entsprechend ist Führung im Wandel und braucht den Reset: Führungskräfte in der Rolle der Wachrüttler, die Menschen dazu bringen, Bestehendes infrage zu stellen und Neues aufzubauen. Das Management als Katalysator für frisches Denken, neue Ideen und Veränderung.

Denn am Anfang jeder erfolgreichen Innovation und jeder erfolgreichen Transformation stehen neue Ideen. Außergewöhnliche Ideen. Diese gilt es, in Visionen und klare Zukunftskonzepte zu übersetzen. Um dann Beschäftigte mitzureißen und sie dafür zu begeistern, sie umzusetzen.

Von Führungskräften wird im Zuge der radikalen Veränderungen der kommenden Jahre mehr und mehr verlangt, dass sie diese Ideen, Visionen und Zukunftskonzepte fördern, den Status quo hinterfragen, Produkte und Dienstleistungen von morgen vordenken, neue Geschäftsmodelle und Prozesse entwickeln. In einer Zeit, in der sich mehrere Trends zu dem verdichten, was ich in der Einleitung den Turbowandel genannt habe, stehen Unternehmen unter einem enormem Innovationsdruck: Die geniale Idee von heute ist der alte Hut von morgen. Ob Apps, digitale Geschäftsmodelle, Nachhaltigkeitsstrategien, Produkte oder Geschäftsmodelle: Was heute neu ist, wird morgen kopiert.

Der Lebenszyklus von innovativen Konzepten ist kurz – und er wird immer kürzer

Innovation und Transformationskraft werden in den nächsten Jahren zum wichtigsten Kapital, das die Wirtschaft antreibt. Als Führungskraft werden Sie deshalb immer mehr an Ihrem Wertbeitrag gemessen, den Sie für die zukünftige Entwicklung des Unternehmens leisten. Nicht nur der Return on Investment zählt, sondern der Return on Innovation. Heute und in der Zukunft werden Sie neue Fragen beantworten müssen: Was begeistert meine Beschäftigten für Veränderung? Wie kann mein Bereich zur Brutstätte neuer Ideen werden? Und wie können wir durch unsere Zukunftskonzepte dazu beitragen, dass das Unternehmen morgen noch wettbewerbsfähiger ist als heute?

Vielleicht sagen Sie sich: »Ich weiß ja, dass ich anders denken und anders führen muss. Aber wie soll ich das tun?« Ihnen fehlen die Werkzeuge. Denn im Management haben Sie vieles gelernt: Wie Sie Märkte und Kennzahlen analysieren, Beschäftigte führen und Strategien entwickeln, Prozesse aufsetzen und Managementtools verwenden. Doch eine wichtige Disziplin fehlt in den traditionellen Lehrplänen: Wie Sie in Ihrem Bereich eine Innovationskultur aufbauen, mit der Sie gleichermaßen das operative Geschäft bewältigen und zugleich erfolgreich Neues implementieren können. Die Professoren Alan G. Robinson von der University of Massachusetts und Sam Stern von der Oregon State University haben schon Ende der neunziger Jahre nüchtern festgestellt: »Führungskräfte in den meisten Unternehmen sind sich darüber bewusst, dass das kreative Potenzial in ihrem Unternehmen bei weitem ihre kreative Performance übersteigt. Das Problem ist, dass sie nicht wissen, was zu tun ist.« Darum geht es in diesem Kapitel. Wie können Sie Ihre Beschäftigten für den Wandel begeistern? Wie können Sie die Grundlage dafür schaffen, dass sich Ihr Bereich so verändern kann, wie es die Märkte erfordern?

Managementkonzepte abseits der eingefahrenen Bahnen

Damit Ideen entstehen und wachsen können, brauchen Unternehmen – wie es der anerkannte Strategieautor Robert M. Grant nennt – eine »parallele Struktur«. »Selbst Unternehmen, die alle richtigen Prozesse, Abläufe und Strukturen haben, sind häufig nicht in der Lage, kreativ zu sein«, schreibt Bettina von Stamm in ihrem Buch »Managing Innovation, Design & Creativity«.

Warum? Weil diese Prozesse, Abläufe und Strukturen nicht dafür entwickelt wurden, kreative Prozesse zu fördern. »Kreativität wird viel häufiger getötet als gefördert«, so Teresa Amabile von der Harvard Universität, die seit mehr als dreißig Jahren den Zusammenhang zwischen Kreativität und Arbeitsstrukturen untersucht. »Meistens geschieht das nicht, weil das Management eine Aversion gegen Kreativität hat. Im Gegenteil: Viele glauben an den Wert von neuen und nützlichen Ideen. Allerdings wird Kreativität unabsichtlich jeden Tag durch eine Arbeitsatmosphäre unterlaufen, die – aus guten Gründen – zur Maximierung geschäftlicher Notwendigkeiten wie Koordination, Kontrolle und Produktivität errichtet wurden. Um ihre geschäftlichen Ziele zu erreichen entwickeln sie Organisationen, die systematisch Kreativität zerstören.«

Diese Aussagen haben mich so sehr fasziniert, dass ich ihnen im Rahmen meiner Doktorarbeit in sechs Jahren wissenschaftlicher Forschung auf den Grund gegangen bin. Ich wollte erfahren, wie Führungskräfte den Spagat zwischen dem operativen Geschäft und den Erfordernissen von Veränderungen erfolgreich bewältigen können. In diesem Kapitel erfahren Sie es. Sie werden erfahren, wie Sie mit ungewöhnlichen Denkwegen in Ihrem Unternehmen Ungewöhnliches kreieren. Sie erfahren, wie Sie eingefahrene Strukturen aufbrechen, die schlafenden Hunde in Ihrem Team wecken und zu kreativen Spitzenleistungen bringen. Und Sie lernen Wege kennen, auch außergewöhnliche Ideen in den Strukturen Ihres Unternehmens durchzusetzen.

Warum ein Reset Kreativität braucht

Kreativität, also die Fähigkeit von Menschen, Neues zu entwickeln, ist die Grundlage jeder Veränderung. Egal ob Sie bestehende Prozesse mithilfe digitaler Lösungen erneuern möchten, einen Algorithmus zur Auswertung von Kundendaten programmieren, innovative Nachhaltigkeitsstrategien entwickeln oder neue Wege bei der Personalakquise gehen wollen – Sie brauchen die Fähigkeit, Themen aus verschiedenen Perspektiven zu betrachten.

Auch im Vertrieb werden kreative Fähigkeiten immer wichtiger, denn der klassische Verkauf hat sich weiterentwickelt. Mit den eigenen Produkten und Angeboten für Kunden innovative Lösungen zu entwickeln, das ist eine Hauptaufgabe, die jedoch vielen Beschäftigten im Vertrieb schwerfällt. »Viele Vertriebsmitarbeiter tun sich schwer damit, nicht nur ihre Produkte oder Dienstleistungen anzupreisen, sondern Lösungen anzubieten«, schreibt Harvard Business Review Anfang 2022. »Der beratende Ansatz verlangt von den Verkäufern, dass sie einen Mehrwert schaffen, indem sie den Kunden helfen, bislang unerkannte Herausforderungen und Chancen zu erkennen sowie ihnen Lösungen anzubieten, mit denen sie nicht gerechnet haben.« Das sind hochkreative Fähigkeiten.

Sie müssen in der Lage sein, innovative Ansätze zu entwickeln und sich neue Konzepte, die nur in einer Präsentation oder in Ihrem Kopf existieren, bildhaft vorzustellen. Albert Einstein sagte: »Fantasie ist wichtiger als Wissen, denn Wissen ist begrenzt.« Doch wenn wir über Kreativität sprechen, denken wir häufig an den Kunstunterricht in der Grundschule zurück. Diese Vorstellung ist verkehrt. Kreativität ist die Fähigkeit, Neues zu denken und zu entwickeln. Bis zur Umsetzung braucht es noch viele weitere Fähigkeiten, beispielsweise Ressourcen- und Projektmanagement, aber Kreativität ist die zentrale Grundlage einer Innovationskultur, ohne die Neues schwer umsetzbar wird.

Eine Innovationskultur in Unternehmen zu etablieren hat auch nichts damit zu tun, Wohlfühlräume zu schaffen oder besonders inspirierende Büros einzurichten. Das schadet nichts, aber ist bei weitem nicht so effektiv wie eine Veränderung von Arbeitsstrukturen und Führungsphilosophien. Microsoft ist ein gutes Beispiel für eine Kultur, in der es zwar offen und kreativ zugeht, die zugleich jedoch durch sehr hohe Ziele und ein sehr hohes Arbeitsvolumen geprägt ist. Die Kultur lässt Experimente und Innovation zu, hat aber gleichzeitig klare Richtlinien, welche Ideen verfolgt werden. Auch bei Google bedeutet kreative Arbeit nicht, sich zurückzulehnen und in den Himmel zu schauen. Es ist das genaue Gegenteil: Das Unternehmen vereint maximale Herausforderung und maximaler Motivation. Anders gesagt: Es ist eine Arbeitskultur, bei der Leistung durch Spaß erzeugt wird. Oder umgekehrt. Wie man es betrachten möchte.

Disruptive Technologien verändern die Aufgaben des Managements

Wann immer ich mit Führungskräften in eher konservativ geprägten Unternehmen diskutiere, kommt früher oder später eine Frage: »Woher sollen wir uns die Zeit nehmen? Wir sind mit internen Abläufen, Routineprozessen und -entscheidungen sowie immer größer werdenden Anforderungen an das Reporting voll ausgelastet.« Das stimmt. Und das wird auch nicht weniger werden. Doch genau hier kommt die digitale Transformation dem Management zur Hilfe. Innovative Lösungen werden Ihnen in den kommenden Jahren mehr und mehr helfen, Routine effizienter als bisher zu bewältigen. Beispielsweise Routineentscheidungen zu treffen. Denn längst haben wir uns daran gewöhnt, dass uns Algorithmen bei unseren Entscheidungen unterstützen. Wenn Sie YouTube nutzen, nimmt Ihnen das System heute bereits fast alle Entscheidungen ab.

Der Algorithmus entscheidet, welche Filme beziehungsweise Videobeiträge Sie vorgeschlagen bekommen, welche Werbung Sie sehen oder an welcher Stelle bei Suchanfragen ein von Ihnen hochgeladenes Video platziert wird.

Selbst über das was »Qualität« ist, entscheidet der Algorithmus, indem er kontinuierlich auswertet, wie lange Nutzer und Nutzerinnen Videos ansehen. Naturgemäß kann Ihr Qualitätsverständnis von dem des Algorithmus abweichen, aber wir haben uns daran gewöhnt.

- Wenn Sie Ihr Geld heute als Influencer oder Influencerin verdienen, müssen Sie sich den Gesetzen des Algorithmus unterwerfen. Egal, ob bei YouTube, Instagram oder TikTok.
- Wenn Sie als Taxifahrer oder als Taxifahrerin unterwegs sind und Ihre Fahrten über FREE NOW (ehemals mytaxi) erhalten, entscheidet der Algorithmus, welche Fahrten Sie zugeteilt bekommen.
- Bei Uber entscheidet der Algorithmus sogar über den Preis: Eine Fahrt an Silvester um Mitternacht ist in der Regel teurer als eine am Sonntagnachmittag in einer Zeit, in der nur wenige Menschen fahren wollen. Das Unternehmen nennt es »dynamische Fahrpreisanpassung«.

Wir haben uns nicht nur daran gewöhnt. Mehr noch: Wir erwarten heute, wie selbstverständlich, dass uns Algorithmen bei unserer Entscheidungsfindung unterstützen. Ein Onlineshop ist ohne Empfehlungssystem nicht erfolgreich. Netflix wäre ohne personalisierte zusammengestellte Serien- und Filmtipps nicht vorstellbar. Und von einem Navigationsgerät, dass Sie zum nächsten Geschäft bringen soll, erwarten Sie nicht nur sekundengenaue Verkehrshinweise, sondern auch den Hinweis, ob das Geschäft geöffnet hat oder nicht. All das ist ein selbstverständlicher Teil unserer Entscheidungsfindungsprozesse geworden.

In den nächsten Jahren werden wir weniger Entscheidungen in Unternehmen und Organisationen selbst treffen. Denn menschliche Entscheidungen haben Vor- und Nachteile. Zu den Nachteilen gehört: Sie sind zeitaufwendig, kostspielig und häufig mit Fehlern versehen.

Bei welchen Entscheidungen werden Führungskräfte künftig überflüssig?

Nehmen wir an, Sie sind Versicherungskunde beziehungsweise -kundin. Seit zehn Jahren bezahlen Sie ohne Verzug jedes Jahr pünktlich den Beitrag zu Ihrer privaten Haftpflichtversicherung. Jetzt melden Sie einen Schaden. Ihr Kind hat bei Nachbarn beim Spielen einen Farbeimer umgekippt, der Teppich für zweihundert Euro muss ersetzt werden. Die Versicherung steht vor der Frage: Zahlen oder nicht zahlen?

Früher hat sich über solche Fragen ein Mensch Gedanken gemacht. Heute bereits entscheidet der Algorithmus. Der Vorstand eines großen Versicherungskonzerns sagte mir in einem Hintergrundgespräch: »Na klar zahlen wir. Alles andere wäre viel zu teuer.« Im Zeitalter radikaler Umbrüche müssen wir die Frage »Was ist eine gute Entscheidung?« neu definieren. Macht die Tatsache, dass sich ein Mensch mit einer Frage auseinandersetzt, die Entscheidung am Ende besser?

Und was ist eigentlich eine gute Entscheidung?

- Eine, die hundert Prozent fehlerfrei ist?
- Eine schnelle Entscheidung?
- Eine kostengünstige Entscheidung?

Bis zu welchem Grad wollen wir in Zukunft überhaupt noch Menschen mit Entscheidungen betrauen, die ein Algorithmus beziehungsweise eine künstliche Intelligenz schneller und preiswerter treffen kann?

Das gilt nicht nur für einfache Beispiele wie die Frage, ob der Haftpflichtschaden einer Familie übernommen wird. Auch wissensintensive Entscheidungen werden schneller, effizienter und in der Qualität möglicherweise sogar noch besser.

Gerade in komplexen Umfeldern, beispielsweise in regulierten Märkten der Finanzwirtschaft, müssen bei einzelnen Entscheidungen unterschiedlichste regulatorische Anforderungen berücksichtigt werden. So müssen zum Beispiel durch die EU-Taxonomie Banken bei der Kreditvergabe verstärkt Nachhaltigkeitskriterien berücksichtigen. Nun liegt es in der Natur der Sache, dass nicht jeder Sparkassenmitarbeiter und jede Kreditsachbearbeiterin eine ausgewiesene Expertise in Nachhaltigkeit besitzt. Ist es hier wirklich die effizienteste und qualitativ beste Lösung, Entscheidungen vollständig von Menschen treffen zu lassen? Der Vorteil an automatisieren Lösungen: Sie können skaliert werden. Ist ein Entscheidungsalgorithmus einmal entwickelt, kann er jederzeit verändert und aktualisiert werden. Und die Entscheidungen sind nachvollziehbar. Reset! Stellen Sie sich im Unternehmen in den nächsten Jahren mehr und mehr die Frage: Bei welchen Entscheidungen können wir es uns überhaupt noch leisten, dass ein Mensch sie trifft?

Wird künstliche Intelligenz das Management am Ende überflüssig machen?

Um Ihnen die beruhigende Antwort gleich vorneweg zu geben: Nein. Denn so weit ist die Technologie noch nicht. Wenn Ihnen langweilig wird, geben Sie doch mal bei YouTube die Suchbegriffe »Alexa Fails« ein. Dort können Sie die durchaus unterhaltsame Realität von künstlicher Intelligenz in ihrer Frühphase erleben.

Männliche Stimme: »Alexa, ich brauche dringend medizinische Hilfe.«
Alexa: »Ich habe dringend medizinische Hilfe in deinen Einkaufskorb gelegt.«

Kinderstimme: »Alexa, how do you spell book?«
Alexa: »It's spelled F-U-C-K.«

Diese Videoclips sind lustige Spielereien, aber sie zeigen recht anschaulich die Herausforderung, vor der Unternehmen stehen, wenn sie Anwendungen auf Basis künstlicher Intelligenz (KI) einsetzen. Ja, in KI steckt ein gewaltiges Effizienz- und Wachstumspotenzial und mit Sicherheit werden die smarten Algorithmen unseren Alltag nachhaltig verändern. Doch aktuell steht die Entwicklung von Anwendungsfällen dieser Technologie noch am Anfang.

Denn stellen wir uns für einen Moment vor, die eingangs erwähnten digitalen Missgeschicke wären keine verbalen Spielereien im heimischen Wohnzimmer, sondern die Reaktionen eines autonom fahrenden Autos bei einhundertzwanzig Kilometern in der Stunde auf der Autobahn. Vermutlich würde niemand lachen und sagen: »Google am Steuer, was willste erwarten?« Und was passiert, wenn sich eine künstliches Intelligenz beim Landeskriminalamt irrt? »Bitte entschuldigen Sie Ihre Festnahme, unser Algorithmus lernt noch ...«

Künstliche Intelligenz funktioniert nicht schnell und einfach. Im Gegenteil: Wie ein kleines Kind muss sie mühsam alles erlernen. Diese Lernphase ist das, was Unternehmen in den kommenden Jahren umtreiben wird. Und bevor wir unsere Entscheidungen an eine künstliche Intelligenz abgeben, müssen wir immer wieder überprüfen, ob die Ergebnisse der maschinellen Entscheidungen auch dem entsprechen, was wir beabsichtigt haben.

- Wurde der Input (Bilder, Sprache, Daten) richtig interpretiert?
- Hat die KI daraus die richtigen Reaktionen abgeleitet?
- Und wenn nicht: Hat das System gemerkt, dass es falsch liegt?

Theoretisch könnte es ja sein, dass viele Menschen es lustig finden, das Wort »Book« F-U-C-K zu buchstabieren und dieses Ergebnis liken. Alexa lernt dann daraus, dass dies offenbar die korrekte Schreibweise ist. Was dann?

Amazon hat auf die anfänglichen Fehler reagiert, ein internes Qualitätsmanagement aufgebaut – und damit prompt für einen Skandal gesorgt: Es kam heraus, dass die angeblich selbstlernenden Maschinen in Wahrheit gar nicht alles selbst lernen, sondern dass Gespräche aufgezeichnet und von Menschen ausgewertet wurden. Datenschützer und Verbraucher mag das empören, aber aus Sicht einer KI-Entwicklung ist dieses Vorgehen richtig. Denn wenn KI-Anwendungen eingesetzt werden, müssen sie ebenso streng kontrolliert werden wie jeder andere Geschäftsprozess – mindestens.

Bei allen neuen Beschäftigten in einem Unternehmen werden die Arbeitsergebnisse am Anfang besonders penibel beäugt. Warum sollte das bei einer neu entwickelten KI anders sein? Unternehmen, die nach anerkannten Qualitätsmanagementnormen arbeiten, sind sogar explizit dazu verpflichtet, ständig die Ergebnisse zu überwachen und ihre KI zu verbessern.

KI kommt langsamer als gedacht

Die Einführung von KI-Anwendungen vollzieht sich in der Breite langsamer als erwartet und ist deutlich komplexer, als man es sich in der Euphorie des vergangenen Jahrzehnts vorgestellt hat. Einer Bitkom-Studie von 2020 zufolge wird der Einsatz von KI deutlich überschätzt: Siebenundsiebzig Prozent aller Deutschen gehen davon aus, dass Unternehmen personalisierte Werbung einsetzen – aber nur vier Prozent der Unternehmen tun das tatsächlich. Fünfundfünfzig Prozent der Befragten denken, dass Kundenanfragen mittlerweile automatisch beantwortet werden. In der Realität nutzen erst drei Prozent der Unternehmen diese Möglichkeiten.

Das liegt daran, dass KI mitnichten eine Plug-and-Play-Anwendung zur Lösung aller Probleme ist, wie es sich viele Unternehmen wünschen. Selbst wenn Forschende heute bereits an der Entwicklung eines künstlichen Gehirns arbeiten, so ist die Realität derzeit noch eine andere. KI ist eine Kombination unterschiedlicher künstlicher Inselbegabungen. Das System tut das, wofür es trainiert wurde. Nicht mehr. Wird einem System beigebracht, unterschiedliche Gin-Sorten voneinander zu unterscheiden, tut es genau das. Setzt man ihm einen Wodka vor, steigt die KI aus. Das ist eine neue Inselbegabung, die mühsam erlernt werden muss. Durch Trends wie Transfer Learning sollen KI-Anwendungen zwar künftig in die Lage versetzt werden, auf Basis des bereits Erlernten Neues zu lernen. Doch selbst das wird – Stand 2022 – nicht vollautomatisch funktionieren.

Als Fazit aus diesem Exkurs in die künstliche Intelligenz können wir eines festhalten: Digitale Lösungen werden uns in den kommenden Jahren mehr und mehr dabei unterstützen, die Routine noch effizienter zu bewältigen. Zugleich erfordert der zielführende Einsatz dieser Technologien die gleiche Fähigkeit, die Beschäftigte im Vertrieb benötigen, um innovative Lösungen für Kunden zu entwickeln: Kreativität. Sie und Ihr Team müssen keine Expertinnen und Experten in künstlicher Intelligenz werden. Ihre Kreativität dient nicht dazu, neue Technologien zu erfinden. Doch Sie können etwas, was die Entwickler dieser Technologie nicht können: Ihren Bereich und Ihre eigene Arbeit transformieren. Denn nur Sie kennen die Anwendungsfälle. Selbst das beste Google-Entwicklungsteam im Silicon Valley kennt Ihre internen Abläufe nicht.

Hier beißt sich die Maus ein bisschen in den Schwanz. Sie brauchen gleichermaßen technologische Expertise, um eine Vorstellung davon zu bekommen, wie Sie mithilfe dieser Technologien künftig arbeiten könnten. Und zugleich brauchen Sie die Expertise konkrete Anwendungsfälle, ansonsten helfen Ihnen diese Technologien wenig. Genau dafür braucht es Zeit und Ressourcen. Noch wichtiger aber: Eine Innovationskultur, die das ermöglicht.

»Aber schaffen wir uns dann nicht selbst ab?« Nein. Sie verhindern vor allem, dass Sie eines Tages als Management-Dinosaurier im Naturkundemuseum ausgestellt werden. Wenn Sie eine nachhaltige Innovationskultur in Ihrem Bereich etablieren, werden Sie so viele neue Ideen haben, so viele neue Projekte starten und erfolgreich umsetzen, dass Sie in einigen Jahren zurückblicken werden und sagen: »Es fühlt sich an, als hätten wir früher in der Steinzeit gearbeitet.«

5.2 Wie Sie als Führungskraft den Reset fördern

Vielleicht haben Sie es auch schon einmal bei sich selbst erlebt: In einem Umfeld sprühen Sie vor Ideen, in einem anderen kommt es Ihnen so vor, als hätten Sie Ihr kreatives Denkvermögen an der Garderobe abgegeben. In Gegenwart einer bestimmen Vorgesetzten fühlen Sie sich wohl, ja sogar ermutigt, neu und anders zu denken. In Gegenwart eines anderen passen Sie auf, nichts verkehrt zu machen. Alles infrage stellen? Vorgehensweisen neu erfinden? Daran ist nicht einmal ansatzweise zu denken. Ich bin sicher, dass Sie aus Ihrem Beruf, aus Ihrer Schulzeit und aus Ihrem Privatleben Dutzende von Situationen kennen, in denen Sie mal mehr und mal weniger kreativ waren.

Mit der Tatsache, dass das Umfeld eines Menschen stark über seine kreativen Leistungen entscheidet, setzt sich die wissenschaftliche Forschung erst seit wenigen Jahren tiefgreifend auseinander. Es war das Hauptthema meiner Promotion, in der ich mich mit der Innovationsfähigkeit von Unternehmen auseinandergesetzt habe.

Früher beschäftigte sich die Wissenschaft vor allem mit der Frage, was kreative Persönlichkeiten ausmacht und wie sich kreative Menschen von der Mehrzahl der Menschen unterscheiden: Was macht Elon Musk von Tesla besonders?

Wie ticken Amazon-Chef Jeff Bezos und Sheryl Sandberg, Co-Geschäftsführerin von Meta Platforms (ehemals Facebook)? Über welche außergewöhnlichen Fähigkeiten verfügt Cher Wang, Mitgründerin des Technologieunternehmens HTC? Dieser traditionelle Ansatz der Forschung ist mittlerweile fast sechzig Jahre alt. Er wurde stark durch den amerikanischen Persönlichkeits- und Intelligenzforscher Joy Paul Guilford geprägt, der das Modell des divergenten Denkens entwickelte. Im Gegensatz zum konvergenten Denken, das für ein Problem eine Lösung vorsieht, ging Guilford davon aus, dass es für Probleme mehrere alternative Lösungswege gibt.

Diese Lösungswege zu finden und zu beschreiten war für Guilford die zentrale Grundvoraussetzung für Kreativität. In den Folgejahren wurden zahlreiche Studien durchgeführt, in denen die Eigenschaften besonders kreativer Menschen herausgestellt wurden. Würde man diese Richtung der Forschung logisch zu Ende denken, hätten Sie als Führungskraft im Kern nur wenige Möglichkeiten, die kreativen Leistungen Ihrer Beschäftigten zu beeinflussen. Sie wären entweder kreativ oder nicht. Der einzige logische Einfluss bestünde darin, kreative Beschäftigte zu finden, ihr Potenzial zu nutzen und sie an das Unternehmen zu binden. Für Führungskräfte, die nach Wegen suchen, das kreative Potenzial der eigenen Mitarbeiterinnen und Mitarbeiter zu nutzen, wäre das eine frustrierende Aussage.

Sie merken, dass ich im Konjunktiv schreibe. Denn die Kreativitätsforschung ist mittlerweile weiter. Noch Anfang der neunziger Jahre schrieben die US-Wissenschaftler Richard W. Woodman, John E. Sawyer und Ricky W. Griffin in der Zeitschrift »Academy of Management Review«: »Das Konzept einer organisatorischen Kreativität ist ein relativ unerforschtes Gebiet im Bereich der Organisationsveränderung und Innovation.« Inzwischen hat sich eine eigene Forschungsrichtung in der Wissenschaft etabliert. So kommt Teresa Amabile von der Harvard Universität nach mehreren Jahren intensiver Forschungsarbeit zu dem Schluss: »Der zeitgemäße Ansatz der Kreativitätsforschung geht davon aus, dass alle Menschen mit normalen Fähigkeiten in der Lage sind, zumindest in manchen Gebieten und zu manchen Zeiten moderate kreative Arbeit zu leisten und dass die soziale Umgebung sowohl den Grad als auch die Häufigkeit von kreativem Verhalten beeinflussen kann.«

Aktuelle Forschung: In der Post-COVID-19-Ära wird Innovation das neue Normal

Wie hat COVID-19 Führung verändert? Und wie geht es in den Jahren danach weiter? Sollten Unternehmen einfach zum alten Status quo zurückkehren? Oder ist in der Führung von Organisationen und Teams eine neue Ära angebrochen. Zu dieser Frage gibt es Anfang 2022 erste wissenschaftliche Veröffentlichungen.

Als eines der ersten wissenschaftlich fundierten Bücher erschien 2022 der Studienband Handbook of Research on Changing Dynamics in Responsible and Sustainable Business von Cristina Raluca Gh. Popescu (Universität Bukarest) und 2020. Darin werden die Ansprüche an Führungskräfte klar formuliert: »Energiegeladene, einflussreiche und leistungsstarke Führungspersönlichkeiten im Wandel stellen die entscheidende Grundlage für Kreativität in der Wirtschaft und eine erfolgreiche Zukunft für Organisationen weltweit dar.«

Unter dem Titel »Managing a Post-Covid19 Era« veröffentlichte das ESCP Research Institute of Management 2020 eine Sammlung von Studien. Die Hauptfrage: Zurück zum Status quo der Jahre vor 2020? Die klare Empfehlung: Obwohl die Versuchung groß ist, sollten Führungskräfte ihr widerstehen. Denn – so schreibt Autor Lorenz Graf-Vlachy – die Folgen eines »Zurück zum Normalen« können langfristig negativ sein.

»Führungskräfte, die sich besonders für den Status quo vor der Krise einsetzten, konnten die Krise in der Organisation viel schneller lösen. Offensichtlich hatten sie ein stärkeres Engagement für die Rückkehr zu dem, was sie als wünschenswerten ›normalen‹ Zustand ansahen, und sie waren daher effektiver bei der Mobilisierung von Organisationsressourcen zur Lösung der Krise. Wir fanden jedoch auch etwas Beunruhigendes. Die Unternehmen von Managern, die sich stärker für den Status quo einsetzten, erlebten zu einem späteren Zeitpunkt mit größerer Wahrscheinlichkeit erneut eine ähnliche Krise.«

Unter dem Titel »Ambiguity aversion« beschreiben Dr. Christoph Bühren von der Universität Kassel und weitere Forscher Ende 2021 im Wissenschaftsmagazin »Management Review Quarterly« eine weitere Herausforderung. Entscheidungen werden zunehmend durch Unsicherheit geprägt: »Bei einigen Entscheidungen kennen wir die objektiven Wahrscheinlichkeiten der zugrunde liegenden Alternativen (Entscheidungen unter Risiko) oder können zumindest subjektive Wahrscheinlichkeiten einschätzen (Entscheidungen unter Unsicherheit im engeren Sinne). Aber manchmal müssen wir unter Unsicherheit entscheiden – ohne eine Vorstellung von den Eintrittswahrscheinlichkeiten der Ergebnisse zu haben.« Auch hier braucht es kreatives Denkvermögen: die Fähigkeit, unterschiedliche Strategien zu entwickeln und schnell Alternativen zu implementieren, wenn sich Annahmen als falsch erweisen.

Und noch ein weiteres Argument dafür, Kreativität zu fördern, legt die wissenschaftliche Forschung dar: Hochqualifizierte Beschäftigte zu gewinnen und zu halten. Für viele Arbeitgeber, das konnten Sie in der Einleitung ausführlich lesen, wird das zu einer ständigen Herausforderung. Maria Ek Styvén und ihr Forschungsteam setzten sich in ihrer Arbeit »Employee perceptions of employers' creativity and innovation«, veröffentlicht im »Journal of Business Research« (März 2022), mit der Frage auseinander, inwieweit Arbeitgeberattraktivität und Kreativität zusammenhängen. Sie fanden heraus, dass die Möglichkeit, bei der Arbeit kreativ und innovativ zu sein, für die Beschäftigten ein wichtiger Faktor ist, um bei ihrem derzeitigen Arbeitgeber zu bleiben. Dieser Faktor beeinflusst auch ihre Absicht, anderen eine Beschäftigung im Unternehmen zu empfehlen.

Die Förderung von Kreativität und Innovation war auch in den vergangenen Jahren bereits eine zentrale Aufgabe von Führungskräften. In der Post-COVID-19 Ära wird diese Aufgabe jedoch zur neuen Normalität.

Die Führungskraft als Katalysator für neues Denken

Als Führungskraft sind Sie in der Lage, das entsprechende Umfeld zu schaffen, in dem Beschäftigte ihr kreatives Potenzial voll ausschöpfen können. Sie können kreative Prozesse steuern, indem Sie Menschen miteinander vernetzen, die gemeinsam kreative Ergebnisse erzielen, zu denen jede und jeder Einzelne alleine nicht in der Lage wäre. Mehr noch: Sie können Beschäftigte zu kreativen neuen Denkwegen ermutigen, die diese allein niemals beschreiten würden.

In einer US-Studie untersuchten die Wissenschaftler Rajesh Sethi, Daniel C. Smith und C. Whan Park einhunderteinundvierzig Führungskräfte, die wichtige Projekte für neue Produkte in verschiedenen Bereichen der Consumer Industries geleitet haben. »Wir haben herausgefunden, dass das Management bei der Förderung der Innovation von Teams eine wichtige Rolle spielt. In unserer Studie kamen Teams, die von ihrem Management dazu ermutigt wurden, kühn zu sein, mit den innovativsten Produkten hervor.«

Die wichtigste Voraussetzung: Visionen mit dem Kennedy-Effekt

Vielleicht haben Sie schon einmal den Begriff »Vision Leadership« gehört. Es bezeichnet eine Führungstechnik, mit der Sie Beschäftigten in Zeiten großer Veränderungen die Unsicherheit nehmen, die der Wandel mit sich bringt, und mit der Sie Ihr Team hinter einer Vision vereinen. Das berühmteste Beispiel für Vision Leadership ist die Mission der ersten Mondlandung.

Beispiel: Rede von John F. Kennedy

Es gibt Momente, die die Welt verändern. Dieser hier ist einer davon: Der amerikanische Präsident John F. Kennedy hält 1962 eine Rede an der Rice University in Houston, bei der die Welt den Atem anhält. »Wir haben uns entschlossen, zum Mond zu fliegen. Wir haben uns entschlossen, noch in diesem Jahrzehnt zum Mond zu fliegen. Nicht weil die Dinge einfach sind, sondern weil sie schwer sind. Weil uns dieses Ziel dabei hilft, die besten Energien und Fähigkeiten zu organisieren und zu messen. Weil wir diese Herausforderung annehmen wollen. Weil wir sie nicht verschieben wollen. Und weil wir gewinnen wollen.«

Diese Rede – sichtlich unter dem Eindruck des kalten Krieges entstanden – wird live im amerikanischen Fernsehen übertragen. In der Sekunde, in der John F. Kennedy diese Sätze ausspricht, geht ein Raunen durch tausende Ingenieure der NASA. Hin zum Mond – kein Problem, sicher wieder zurück – unmöglich. Die amerikanische Raumfahrttechnik ist zu diesem Zeitpunkt noch nicht einmal annähernd auf dem Stand, um Menschen zum Mond und wieder zurückzubringen. Im Gegenteil: Im Vergleich zur Sowjetunion war das, was sich in den Jahren zuvor in der amerikanischen Raumfahrt abgespielt hat, mehr eine Sammlung aus Pleiten, Pech und Pannen. Noch heute können Sie in Cape Canaveral in Florida die ersten Versuche der amerikanischen Raumfahrt bewundern: Videos, die einen Absturz nach dem anderen zeigen, Raketen, die es kaum geschafft haben, die Startrampe zu verlassen und die dann bereits explodierten. Gegen die Sowjetunion scheinen die Amerikaner 1962 chancenlos.

Und dann kommt jemand wie John F. Kennedy. Mit Worten, die ihn erscheinen lassen wie einen Propheten, sagt er: »Wir fliegen zum Mond. Wir fliegen zum Mond. Wir fliegen zum Mond.« Es ist die Geburt der größten Vision der Menschheit. Eine Vision, mit der es Kennedy schafft, hunderttausende von Ingenieuren hinter sich zu bringen. Ingenieure, die in den Monaten und Jahren danach mehrfach an dieser Aufgabe fast scheitern. Menschen, die das Unmögliche wagen und über sich selbst hinauswachsen. So ist die Landung auf dem Mond selbst eines der Probleme, die scheinbar unlösbar sind. Man hatte es sich anfangs vorgestellt wie im Science-Fiction-Film. Einfach mit einer Rakete auf dem Mond landen, aussteigen und wieder abheben. Es ist nicht zu realisieren. Die Idee, eine Mondkapsel zu bauen, die abgetrennt vom Mutterschiff auf dem Mond mit zwei Astronauten landet und dann wieder abhebt wird zunächst als abwegig verschrien. Später bringt genau diese Außenseiteridee den Durchbruch.

Hat Ihre Vision den Kennedy-Effekt?

»Okay, das klingt nett. Aber wir sitzen in der Finanzverwaltung eines großen Konzerns, da ist das Beispiel mit dem Flug zum Mond sehr weit weg.« Wirklich? Denken Sie kurz darüber nach, wie sehr sich das Berufsbild in der Finanzverwaltung großer Unternehmen in den vergangenen Jahren verändert hat. Früher waren es vielfach die Erbsenzähler. Heute sind Beschäftigte der Finanzverwaltung geschätzte Business Partner, die den einzelnen Abteilungen und Fachbereichen durch fundierte Datenanalysen helfen, die richtigen Entscheidungen zu treffen. Sie möchten eine Vision für diese Abteilung entwickeln? Dann können Sie natürlich sagen »Unser Ziel ist es, einen Wertbeitrag zum Unternehmen zu leisten«. Daran ist nichts verkehrt, aber das prickelt noch nicht wirklich. Die Vision »Daten sind das Gold der Zukunft und wir sind diejenigen, die es schürfen werden« vermittelt etwas anderes: eine Selbstverständlichkeit, eine tragende Rolle, die die Abteilung bei strategischen Entscheidungen zu spielen gedenkt.

Vision Leadership ist ein starkes Führungsinstrument, gerade in Zeiten, in denen sich Technologien schnell entwickeln und Trends spürbar werden. Sie finden Visionen mit dem Kennedy-Effekt häufig in Unternehmen, in denen Sie es im ersten Moment nicht erwartet würden. Weil sie scheinbar langweilige Produkte produzieren, wie beispielsweise Geschirrspüler für den Gewerbebereich. Doch Geschirrspüler können das spannendste Produkt der Welt sein, wenn Sie es so angehen wie die Firma Hobart aus Offenburg.

»Spülen ohne Wasser« treibt Innovation über mehr als ein Jahrzehnt an

Beispiel: Magische Visionen für Geschirrspüler
Hobart hat den Markt für gewerbliche Geschirrspüler mit der Premaxx-Serie 2007 revolutioniert, einem Geschirrspüler, der so wenig Wasser und so wenig Strom verbraucht, wie man es bis vor wenigen Jahren nicht für möglich gehalten hat. Zufall? Nein, das Ergebnis einer magischen Vision. »Spülen ohne Wasser« heißt sie.

Denken Sie einen kurzen Moment nach: Spülen ohne Wasser? Geht das? Stellen Sie diese Frage einmal bei Hobart und die Mitarbeiter des Unternehmens werden Ihnen antworten: »Es ist völlig unwichtig, ob es geht. Vielleicht werden wir dieses Ziel nie erreichen, aber wir arbeiten darauf hin und geben unser Bestes.« Spülen ohne Wasser ist eine magische Vision. Für die Firma Hobart so magisch, wie für die NASA die Vision »Wir fliegen zum Mond«.

Die Entwicklungsingenieure von Hobart haben sich dem Thema mit Fragen angenähert, die Sie beim Thema Geschirrspüler nicht für möglich halten:

- Wie sieht das optimale Luftströmungsverhalten in einem Geschirrspüler aus, damit der bestmögliche Trocknungseffekt erzielt wird?
- Welche Sensorik eignet sich am besten, um aus einer Spüllauge herauszulesen, mit was das Geschirr verdreckt ist?
- Wie lässt sich Dampf im ersten Spülgang reduzieren?

Die Entwickler von Hobart waren in der Branche bereits zuvor durch merkwürdige Fragestellungen aufgefallen. So hatten sie sich intensiv damit beschäftigt, wie ein Wassertropfen beim Auftreffen auf das Spülgut geformt sein muss, damit dieser den bestmöglichen Wascheffekt erzielt. Man muss schon ein bisschen verrückt sein, um solchen Fragen ernsthaft und vor allem mit

Leidenschaft auf den Grund zu gehen. Na und? Dann sind die Entwickler bei Hobart eben ein bisschen verrückt, aber sie verfolgen schließlich auch nicht das Ziel, einfach nur die Rendite zu steigern oder die nächste Geschirrspüler-Generation auf den Markt zu bringen. Sie arbeiten an einer großen Sache: »Spülen ohne Wasser«. Seit 2007 entstehen so jedes Jahr Innovationen, die sie dem großen Ziel näherbringen.

Die meisten Visionen hingegen sind zahlenlastig und langweilig. »Wir möchten die Prozesseffizienz um zehn Prozent steigern.« Oder: »Unser Ziel ist es, alle operativen Bereiche auf Benchmark-Niveau zu bringen.« Mal ehrlich, hängt daran Ihr Herz? Ist es das, was Sie und Ihre Beschäftigten von Herzen anspornt?

Visionen mit dem Kennedy-Effekt bewirken in Ihrem Team mehr als alle Change-Management-Programme der Welt. Wenn Sie attraktive und bildhafte Visionen haben, können Sie sich das Geld für teure Motivationstrainings sparen. Sie brauchen keine umfangreichen Regelwerke, die genau festlegen, wann welche Beschäftigten wo genau welchen Schritt zu tun haben. Mit dem Kennedy-Effekt erreichen Sie die Herzen. Zugegeben, das klingt sehr pathetisch und fast ein bisschen kitschig. Aber es funktioniert.

Merkmale mitreißender Visionen

Visionen mit dem Kennedy-Effekt sprechen die Fantasie Ihrer Beschäftigten an! Sie erzeugen ein mentales Bild im Kopf, das es zu erreichen gilt und das sich lohnt. Sie lösen in den Köpfen Ihrer Mitarbeitenden Gedanken aus, die außergewöhnlich sind.

Nehmen Sie die Vision »Spülen ohne Wasser«. Was für ein Bild entsteht bei Ihnen, wenn Sie diese Vision hören?

- Sie sehen eine Spülmaschine von heute vor sich.
- Plötzlich erscheint Ihnen diese Spülmaschine als etwas Nostalgisches.
- In Ihrem Kopf entsteht eine Maschine, die mit Ultraschall reinigt.
- Alles, was Sie bisher als fortschrittlich erachtet haben, wirkt plötzlich klein im Vergleich zu der Fantasie, die diese Vision auslöst.

»Wir fliegen zum Mond«. Wenn Sie diese Vision hören, sehen Sie eine Rakete auf dem Weg zum Mond und Astronauten, die aussteigen. Genauso ist es den NASA-Ingenieuren gegangen. Visionen mit dem Kennedy-Effekt spornen uns an, das Undenkbare zu denken.

Stellen Sie sich einmal vor, Hobart hätte nur die Vision »Qualitätsführerschaft im Segment gewerblicher Geschirrspüler«. Und nun fordern Sie Ingenieure auf, Ideen zu entwickeln, um diese Qualitätsführerschaft zu sichern. Sie können sich sicher sein, dass die Ideen sehr konventionell sind. »Wir sollten die Wasserzufuhr verbessern, sodass sie sieben statt bislang fünf Jahre hält.« »Die Temperaturschalter sollten durch neue Module ausgetauscht werden, die nicht so störanfällig sind.« Genau das ist in etwa die Qualität der Vorschläge, die Sie bekommen, wenn die Vision nicht darauf ausgerichtet ist, große innovative Sprünge zu machen.

Setzen Sie dagegen die Vision »Spülen ohne Wasser«. Woran denken Sie jetzt? Ihr Horizont beginnt sich zu öffnen; Sie beginnen in anderen Bereichen nach Lösungen zu gucken; Sie überlegen, ob nicht Mikrowellentechnologie im Geschirrspüler einsetzbar ist.

Mitreißende Visionen erweitern den Horizont Ihrer Beschäftigten. Sie vermitteln, dass der Blick über den Tellerrand gewollt ist, und zwar wirklich. Mitreißende Visionen sind Träume. Nicht das Ziel einer Renditesteigerung steht im Vordergrund, sondern das Bild einer – ich weiß, das klingt schon wieder ein bisschen kitschig – besseren Welt. Es ist das Bild einer guten Welt. Es ist das Gefühl, für etwas anderes zu arbeiten, für Werte, die mehr sind als nur das bloße Heranschaffen von Profiten und es ist die Aussicht darauf, ein großes Abenteuer zu starten. Geh hin, wo noch niemand vor dir war. Das erinnert an die Welt von Alexander von Humboldt – die Reisen der großen Entdecker.

Machen Sie den Test

Hat die Vision, die Sie Ihrem Team vermitteln, den Kennedy-Effekt? Antworten Sie jeweils mit Ja oder Nein.

	Ja	Nein
Die Vision ist bildhaft geschrieben und leicht verständlich.	☐	☐
Die Vision ist für Beschäftigte attraktiv.	☐	☐
Die Vision regt dazu an, das Undenkbare zu denken und das Unmögliche zu wagen.	☐	☐
Die Vision appelliert an Träume und regt die Fantasie an.	☐	☐
Die Vision ist einzigartig und authentisch, sie ist nicht einfach irgendwo abgeschrieben.	☐	☐

Auswertung

Fünfmal »nein«, nicht einmal »ja«

Kein Kennedy-Effekt. Sie werden sich auch in Zukunft darauf verlassen können, dass Beschäftigte die Ziele Ihrer Abteilung strukturiert und mit dem notwendigen Engagement voranbringen. Aber gehen Sie davon aus: Freitag ab eins macht jeder seins. Ihre Vision sorgt nicht dafür, dass Beschäftigte auch nach Feierabend mit dem Herzen bei der Sache sind. Sollte tatsächlich einmal jemand am Montagmorgen mit einer Idee aufschlagen, die ihr oder ihm unter der Dusche am Sonntagmorgen gekommen ist, so ist es ein Zufallstreffer.

Ein- bis zweimal »ja«

Sie sind bereits auf dem Weg. Was hat Sie dazu veranlasst, Ihre Vision so zu formulieren? Gehen Sie in sich, überlegen Sie, was Sie erreichen wollten und in Zukunft erreichen wollen. Überlegen Sie, wie Sie die Vision formulieren oder aber leben können, sodass die anderen beiden Punkte ebenfalls für Sie erreichbar werden.

Drei- bis viermal »ja«

Ihre Vision scheint einen gewissen Kennedy-Effekt in sich zu haben, sie ist aber noch nicht perfekt. Was genau fehlt? Achten Sie darauf, ob nur Sie Ihre Vision so empfinden oder auch Beschäftigte. Sprechen Sie darüber. Reden Sie mit Ihren Mitarbeitenden darüber, wie sie die Vision wahrnehmen. Versuchen Sie, das Thema in Gesprächen beiläufig anzusprechen mit Fragen beispielsweise wie:

- »Was verstehen Sie unter der Vision?«
- »Wie sehen Sie das?«
- »Wie leben Sie diese Vision?«
- »Was bedeutet diese Vision für Ihre tägliche Arbeit?«

Fünfmal »ja«

Herzlichen Glückwunsch! Ihre Vision hat den Kennedy-Effekt! Achten Sie bitte noch einmal kurz darauf, dass Sie keiner Selbsttäuschung unterliegen. Häufig glaubt man, dass eine Vision starke Anziehungskraft hat. Aber vergessen Sie nicht: Der Köder muss dem Fisch schmecken, nicht dem Angler.

So entwickeln Sie Visionen mit dem Kennedy-Effekt

Wenn es eine Schritt-für Schritt-Anleitung gäbe, die man einfach nur befolgen müsste, dann wäre die Visionen schon nicht mehr außergewöhnlich, dann hätten sie alle. Bei der Entwicklung einer Vision, die die Grundlage Ihrer Führung darstellt, ist Ihre Kreativität gefragt. Die folgenden Anregungen sind für Sie als Inspiration gedacht.

Setzen Sie ein unrealistisches Ziel!

Sie haben richtig gelesen, ein unrealistisches. Etwas Unerreichbares. So etwas wie »Spülen ohne Wasser«. Versetzen Sie sich in die Rolle eines Zukunftsforschers, der die Welt in Ihrer Branche im Jahr 2300 beschreibt. Wie sieht die Welt dort aus?

- Werden Fußgänger Schuhe anziehen, mit denen sie fliegen können?
- Gehört Beamen zum Alltag?
- Wird es überhaupt noch Geschirrspüler geben?

Nehmen Sie die Vision aus einer Science Fiction-Welt. Wichtig dabei: Sie muss unerreichbar sein. Sie dürfen dieses Ziel niemals wirklich erreichen können, aber es muss immer noch so sein, dass es eine gewisse Magie ausübt. Die Vision darf widersprüchlich sein, man darf – ja man muss – sich förmlich an ihr reiben können.

Sie sind in der Automobilbranche tätig? Entwickeln Sie nicht nur die Vision, ein umweltbewusstes Auto herstellen zu wollen. Wenn Sie sich für eine erreichbare Vision entscheiden, dann nehmen Sie ein Auto, das gut für die Natur ist. Ein Auto, das Sauerstoff produziert statt CO_2. Oder ein Auto, das die Funktion des Regenwaldes erfüllt.

Entwickeln Sie ein kreatives Bild!

Wenn Sie ein Hersteller von Antiviren-Software sind, dann sind Sie nicht einfach ein Hersteller von IT-Lösungen oder von Computerprogrammen. Nein, Sie sind die Polizei des Internets. Oder das stärkste Antibiotikum gegen Computerviren. Oder die chinesische Mauer rund um die Rechner und Server Ihrer Kunden. Überlegen Sie, was der eine zentrale Nutzen oder der eine zentrale Wettbewerbsvorteil ist, für den Ihr Unternehmen steht. Überlegen Sie, wie Sie die Innovationen Ihres Unternehmens auf diesen einen Punkt exakt ausrichten können. Seien Sie einfach, denken Sie einfach! Magische Visionen zeichnen sich unter anderem dadurch aus, dass sie sofort verständlich und für alle greifbar sind. Einfach eben.

Erfüllen Sie Ihren Beschäftigten ihre größten Träume!

Was wären Ihre Mitarbeitenden gerne?

- Pioniere in einem unentdeckten Land?
- Abenteurerinnen, die sich in wildes Terrain vorwagen, in das sich noch nie jemand anders vorgewagt hat?
- Oder Piraten, die diejenigen angreifen, die fett und bequem geworden sind?

Dies ist eines der Erfolgsgeheimnisse von Richard Branson, bekannt unter anderem durch seinen touristischen Weltraumflug in dem von ihm gebauten Raumschiff VSS Unity im Juli 2021. Der umtriebige Geschäftsmann sieht jede seiner Aktivitäten als einen Kreuzzug an und seine Beschäftigten sind Teile dieses Kreuzzuges.

Als Richard Branson Virgin Atlantic, seine Fluglinie, eröffnete, ging es nicht einfach nur darum, mithilfe einer Fluglinie Geld zu verdienen. Nein, es ging um Träume. Es ging darum, die bis dahin von vielen Kunden als träge und satt empfundene British Airways anzugreifen. Richard Branson erfüllte seinen

Beschäftigten Träume, er machte sie zu Rebellen. Rebellen, die Spaß daran hatten, zu unkonventionellen Mitteln zu greifen, außergewöhnliche Eroberungsstrategien zu entwickeln und gemeinsam mit Richard Branson für die gerechte Sache der Kundenqualität zu kämpfen.

Besetzen Sie emotionale Werte, die Ihren Mitarbeitern wichtig sind!
Dies kann sein: Freundschaft, Vertrauen, Liebe. Ja, Liebe. Ein einfacher Slogan wie »Ich liebe es« kann Berge versetzen. McDonalds, einer der Konzerne, der Teil einer meiner ersten Studien war, schaffte es, mit dieser magischen Vision nicht nur Kunden, sondern auch Mitarbeiter zu begeistern. »Ich liebe es« ist etwas anderes als eine austauschbare Vision, wie beispielsweise »weil ich es mir wert bin«. Achten Sie aber unbedingt darauf, dass Sie – wenn Sie diese Strategie einschlagen – diese Vision auch leben. Diese Strategie, emotionale Werte zu besetzen, wird inzwischen von einer Vielzahl von Unternehmen eingesetzt, so inflationär, dass man die vermittelten Werte schon sehr vorbildlich leben muss, damit die Vision nicht als hohle Phrase empfunden wird.

5.3 Zu viel Harmonie ist der Feind des Fortschritts

Stellen Sie sich eine typische Beziehung zweier typischer Couch-Potatoes vor: Julia und Horst, beide Ende vierzig, beide Bewegungsmuffel, beide resistent gegen jede Form von Diät und Fitness. Horst hat zwar manchmal das Gefühl, er müsse sich mehr bewegen, aber er will Julia nicht wehtun, denn er weiß ja schließlich, dass sie Sport ungefähr so attraktiv findet wie eine Zahlungserinnerung vom Finanzamt.

Julia hingegen würde gerne häufiger einmal etwas Gesundes auf den Tisch bringen. Dummerweise müsste sie Horst ins Gesicht sagen, dass sie ihn zu dick findet und das würde unweigerlich zum Streit führen. Wenn Horst fetten Schweinebraten mit Knödel haben möchte, antwortet Julia: »Aber gerne doch, mein Schatz, Hauptsache es schmeckt dir«. Horst verhält sich mittlerweile wie eine alte Eiche. Jedes Jahr kommt ein neuer Jahresring hinzu, sein Umfang wächst.

Beide wollen gerne schlank und fit werden. Die Chance, dass sie es schaffen, ist kleiner als die von einem Kometen getroffen zu werden. Warum? Zu viel Harmonie. Vielleicht kennen Sie es aus Familien, in denen es jeder jedem recht machen möchte. Da wird allein die Diskussion über die Auswahl des Mittagessens ein Akt, der den Vormittag füllt.

»Was möchtest du essen?« »Ja das, was du gerne magst. Was möchtest du denn?« »Ich möchte gerne das, was du nimmst. Entscheid du doch mal.« »Nein, ich möchte nichts entscheiden, dir soll es doch schmecken.« Und so weiter und so weiter ...

Ähnlich geht es im Team zu. Wenn Sie sagen: »Wir verstehen uns alle prima, denken ähnlich und sind uns immer einig«, sollten Sie schleunigst etwas ändern.

Teams im Wandel brauchen kreative konstruktive Konfrontation

Kreative konstruktive Konfrontation bedeutet nicht: Konfrontation um der Konfrontation willen. Ein Streit um die beste Lösung ist ein wesentlicher Bestandteil von Kreativität. Intel wurde mit einem Kommunikationsprinzip, das sich »Constructive Confrontation« nennt, erfolgreich – einer Art der Kommunikation, bei der Widerspruch nicht nur gewünscht ist, sondern aktiv gefördert wird.

Beispiel: Einsatz einer Spezialeinheit der Polizei
Stellen Sie sich vor, Sie sind Einsatzleiterin einer Spezialeinheit bei der Polizei und haben die Aufgabe, ein Haus zu stürmen, in dem Geiseln festgehalten werden. Sie befehlen laut: »Angriff!« Da meldet sich ein Beamter und sagt: »Ich finde das ist noch ein bisschen früh; wir sollten erst die Psyche des Geiselnehmers prüfen.« Eine Beamtin ergänzt: »Die Gefahr ist zu groß, der Geiselnehmer könnte sich bedrängt fühlen und in Panik geraten.« Und wiederum andere sagen: »Wir sollten die Sache einfach aussitzen, der Geiselnehmer wird schon irgendwann aufgeben.«

An diesem Beispiel zeigt sich der Unterschied zwischen Effizienz und kreativer konstruktiver Konfrontation.

Es ist effizient, wenn alle Mitglieder der Spezialeinheit wie ein Uhrwerk funktionieren, ihren Job so schnell wie möglich erledigen, auf das Überraschungsmoment setzen und den Geiselnehmer überwältigen. In diesem Fall brauchen Sie ein hohes Maß an Harmonie: Alle sollen möglichst gleich engagiert und mit einem möglichst homogenen Vorgehen handeln.

Möglicherweise ist es aber nicht die beste Lösung. Hier kommt der kreative Ansatz ins Spiel: Bevor gestürmt wird noch einmal den Reset-Knopf drücken. Vielleicht macht es Sinn, die Motive des Geiselnehmers näher zu hinterfragen, Strategiealternativen zu planen oder die Situation einfach auszusitzen. Der Vorteil dieser Variante: Sie erhalten viel mehr Handlungsoptionen und neue Ideen. Dabei ist ein zu hohes Maß an Harmonie eher schädlich.

Das, was Sie operativ stark macht, macht Sie kreativ schwach. Natürlich – das soll nicht unerwähnt bleiben – ist es wichtig zu unterscheiden, wann welcher Weg eingeschlagen wird. Wenn sich die Geiselnahme zuspitzt, ist keine Zeit mehr für Diskussionen.

Wägen Sie ab: Effizienz oder Kreativität

Bei der Etablierung von kreativem Denken im Unternehmen lautet eine wichtige Frage: »Wie viel Effizienz ist mir die Suche nach wirklich neuen Alternativen wert?« Jede Kritik, jeder Widerspruch, jede neue Option kostet Zeit.

»Diese Zeit habe ich nicht!«

Wirklich? Die folgenden fünf Fragen helfen Ihnen, zu entscheiden, ob Sie in der momentanen Situation Effizienz oder Kreativität benötigen. Es geht dabei nicht um eine radikale Entscheidung.

Kreative Prozesse werden Ihr Unternehmen, Ihre Abteilung oder Ihr Team nicht in den Ruin treiben, doch die Erarbeitung einer Lösung dauert in jedem Fall länger, als wenn Sie mit bewährten Methoden bewährte Ergebnisse erzielen. Mit den folgenden Aussagen können Sie prüfen, ob Sie in Ihrer Abteilung eher Effektivität oder Kreativität benötigen. Die Auswertung können Sie auch auf einzelne Teams, Prozesse oder sogar konkrete Aufgaben anwenden.

Effizienz	Kreativität
Ich brauche vor allem schnelle Lösungen. Zwar bin ich mir bewusst, dass es möglicherweise noch eine bessere gibt, aber das ist momentan unwichtig.	Ich brauche keine bewährten Lösungen, sondern die besten innovativen Lösungen.
Die bisherigen Lösungsansätze haben sich bewährt, momentan werden keine Alternativen benötigt.	Die bewährten Lösungsmöglichkeiten haben ihre Schwächen, allerdings haben wir bisher keine Alternativen gefunden.
Das Umfeld ist stabil geblieben, es gibt kaum neue Kundenwünsche, neue Anforderungen oder technologische Neuerungen.	Das Umfeld hat sich geändert oder wird sich in naher Zukunft rasch ändern durch neue technische Entwicklungen, neue Trends, neue Kundenbedürfnisse, et cetera.
Der Prozess lässt sich problemlos standardisieren. Es kommt vor allem auf Perfektion an, der Einzelne kann daran wenig ändern.	Kaum ein Prozess gleicht dem anderen. Der Input jedes Beteiligten entscheidet über Erfolg oder Misserfolg von Prozessen und Projekten.
Mein Team und ich werden hauptsächlich an der Prozesseffizienz gemessen. Weil das Ergebnis ohnehin feststeht, geht es darum, wie ein Uhrwerk zu funktionieren und möglichst schnell zu sein.	Mein Team und ich werden vor allem an der Qualität von Ergebnissen gemessen. Wie wir dorthin gekommen sind, spielt eine geringere Rolle.

So entkommen Sie der Harmonie-Falle

Beziehen Sie Menschen in den Entscheidungsprozess mit ein, die anders denken, andere Lösungsansätze mitbringen und Ihre bisherigen Vorgehensweisen infrage stellen. Fordern Sie diese Menschen zur kreativen Zerstörung des Bestehenden auf.

Dies kann in Form einer Konferenz geschehen, in der Sie bewusst etablierte Lösungsansätze infrage stellen wollen, dies kann durch Beschäftigte sein, die Sie einem Projektteam zeitweilig zuordnen, dies können Arbeitsgruppen sein aus Mitarbeitenden, deren Denkweisen möglichst weit auseinander liegen, es kann eine Teammischung sein, die aus unterschiedlichen Charakteren mit unterschiedlichen Hintergründen besteht.

Achten Sie darauf, dass sich die Teammitglieder dabei nicht die Köpfe einschlagen! Machen Sie deutlich, dass jede Form der Kritik und des Widerspruchs rein sachlich und konstruktiv ist. Verbieten Sie jede Form von persönlichem Angriff.

Wirksame Übung: der heiße Stuhl

Setzen Sie entweder sich selbst oder Teammitglieder, die den bisherigen Lösungsansatz vertreten, symbolisch auf einen heißen Stuhl. Fordern Sie alle Anwesenden dazu auf, die Schwächen und Probleme der bewährten Herangehensweise schonungslos offenzulegen und zu kritisieren.

Die wichtigste Regel bei dieser Übung: Es darf nichts Nettes gesagt werden! Sobald Beschäftigte abwägen müssen, ob sie Gutes oder Schlechtes sagen, kommt Politik ins Spiel. Im zweiten Schritt greifen Sie die Kritikpunkte auf, geben diese in Arbeitsgruppen und fordern diese Gruppen auf, neue Lösungsansätze zu entwickeln.

Die neue Widerspruchskultur und die vielen anderen Denkansätze werden Ihnen häufig auf den Geist gehen. Sie werden sich nach den Zeiten zurücksehnen, in denen Sie harmonisch in einem kreativen Vakuum gelebt haben. Aber Sie werden auch spüren, dass Sie viele neue Ideen und Herangehensweisen erhalten.

5.4 Führungstechniken für den Reset

Ich möchte Ihnen gerne fünf konkrete Führungstechniken an die Hand geben, mit denen Sie in Ihrem Bereich einen Reset durchführen können. Diese Führungstechniken unterstützen Sie dabei, die Gedanken Ihres Teams auf eine neue kreative Ebene zu bringen. Sowie gemeinsam mit Ihren Beschäftigten Neues zu entwickeln und erfolgreich umzusetzen.

Diese können Sie im Alltag anwenden, beispielsweise in Meetings oder Workshops. Sie werden beim Lesen der nächsten Seiten häufiger merken, dass es immer wieder schwierig ist, neues Denken gegen bewährte Denkmuster durchzusetzen. Ich möchte Ihnen deshalb ein kreatives Hilfsmittel mit an die Hand geben, mit dem ich seit Jahren sehr erfolgreich arbeite. Wann immer eine Diskussion abdriftet und droht, negativ zu werden, spiele ich Reset Bingo. Wie geht das?

Reset Bingo

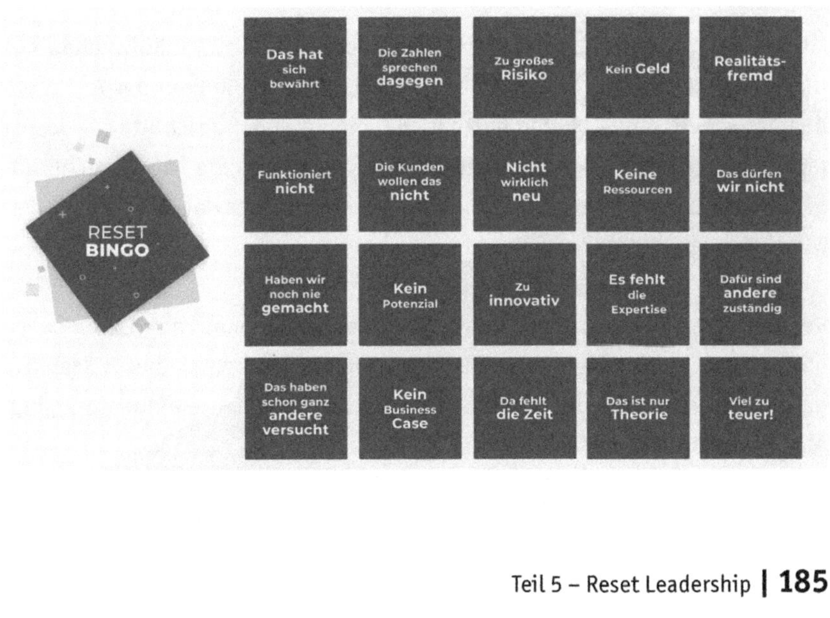

Kopieren Sie das Bingo-Spiel, das Sie hier finden. Geben Sie jeder Teilnehmerin und jedem Teilnehmer ein Blatt. Das geht tatsächlich sogar noch analog. Wann immer typische Killerphrasen auftauchen, dürfen alle ein Kreuz machen. Wer drei in einer Reihe hat, hat Bingo. Bei vier ist es sogar ein super Bingo. Dann sagen Sie »Reset!« und die Diskussion startet neu.

Allein die Tatsache, dass dieses Bingo-Spiel auf dem Tisch liegt, während Sie diskutieren, verändert die Dynamik. Egal, ob sie den mentalen Stresstest durchführen oder parallele Denkräume planen, die Diskussion dreht sich automatisch um die Frage, wie es möglich ist. Nicht mehr, ob es möglich ist.

Der mentale Stresstest

Stellen Sie sich vor, im Januar 2020 hätten Sie ein Meeting mit folgendem Statement begonnen: »Stellt euch vor, dieses neuartige Virus würde sich so schnell verbreiten, dass direkte menschliche Kontakte als Gefahr angesehen würden. Und infolgedessen die Bundesregierung und die Landesregierungen einen Lockdown verhängen. Wir alle müssten zu Hause bleiben und könnten nicht mehr in die Firma kommen. Was würde passieren?«

Mit an Sicherheit grenzender Wahrscheinlichkeit wären Sie auf ungläubige Blicke gestoßen. Ein leichtes Raunen wäre durch die Reihen der Anwesenden gegangen, eine Kollegin hätte ungläubig den Kopf geschüttelt: »Das ist jetzt ziemlich weit hergeholt, findest du nicht?« Doch Sie hätten nicht aufgegeben: »Zugegeben, das ist ein Extremszenario, aber Hand aufs Herz: Was würde dann passieren?«

»Warum willst du das wissen? Das ist doch vollkommen unrealistisch.«
»Nennen wir es einen mentalen Stresstest. Ich möchte durch dieses Szenario gerne erfahren, wie gut wir beim digitalen Arbeiten heute aufgestellt sind. Also, was würde in diesem Fall passieren?«
»Ich verstehe immer noch nicht, worauf du hinauswillst.«

Spätestens seitdem dieses Gedankenspiel Realität geworden ist, ist es einfacher geworden, solche Gedankenspiele zu verstehen. Corona und die Folgen waren keine mentalen, es waren reelle Stresstests. Unternehmen und Organisationen mussten reagieren. Bereits eingeführte Lösungen bekamen eine neue Bedeutung. Vielfach begann die Suche nach neuen Lösungen erst in der Woche nach dem Lockdown.

- Interne Kollaborationstools?
- Videokonferenzen statt persönlicher Meetings?
- Verträge mit Kunden ohne persönliches Beratungsgespräch und ohne Originalunterschrift auf dem Antragsformular abschließen?

Selbst im dritten Jahrzehnt der digitalen Transformation war das für viele Unternehmen Neuland. Erst der reelle Stresstest zeigte die volle Dimension des Reset, der jetzt notwendig war.

Genau darin liegt die Kraft des mentalen Stresstests: Sie entwickeln ein Szenario, in dem wesentliche Bausteine der heutigen Rahmenbedingungen fehlen oder ersetzt werden.

»Auf eine Stellenanzeige erhalten wir genau null Bewerbungen. Und auch alle unsere weiteren Bemühungen, unsere Stellen zu besetzen, liefern kein Ergebnis. Es gibt einfach niemanden, der sich für die Stelle interessiert. Was tun wir?«
»Ein Mitbewerber bringt plötzlich etwas auf den Markt, was den Markt revolutioniert. So wie das iPhone den Markt für Mobiltelefone revolutioniert hat. Was tun wir? Wie reagieren wir?«
»Nach einem großen Umweltskandal hinterfragen alle Kunden plötzlich die Produkte, die sie kaufen. In der Folge brechen alle Umsätze von Unternehmen, die keine Transparenz in ihrer Produktion und in ihrer Lieferkette nachweisen können, zusammen.«

Indem Sie die Rahmenbedingungen komplett verändern, gewinnen Sie eine 360-Grad-Sicht auf Ihre Angebote, Abläufe und Geschäftsprozesse. Zwangsläufig wird Ihr Denken radikaler. Sie kommen aus dem Verbesserungsmodus heraus und gelangen in das Feld der wirklichen Erneuerung: Den Reset.

Thomas Edison und das Telefon: Erfolgreich den mentalen Stresstest vollzogen

Als Alexander Graham Bell 1876 seine Erfindung, das Telefon vorstellte, wurde er von den führenden Köpfen seiner Zeit kritisch beäugt. Mehr noch: Seine Erfindung wurde selbst von denen, die wir heute als große Innovatoren feiern, abgelehnt. Thomas Edison, der legendäre Erfinder der Glühbirne (genauer gesagt: des ersten Systems inklusive Kraftwerke, Versorgungsleitungen, Abrechnung und Glühbirnenherstellung) war zu diesem Zeitpunkt gerade mit der Entwicklung von Innovationen für die effizientere Nutzung telegrafischer Leitungen beschäftigt. Im Telefon sah er keinen Nutzen.

Wie kam es dazu, dass einer der weltweit führenden Erfinder, einer der kreativsten und weltoffensten Köpfe seiner Zeit, das Potenzial dieser Erfindung nicht sah? Er war in seinen Denkmustern gefangen. Für ihn bestand die Welt aus Morsezeichen, die über Telegrafenleitungen Tausende von Kilometern transportiert werden konnten. Er selbst hatte daran mitgewirkt und die häufig von Störungen befallenen Telegrafenleitungen immer wieder optimiert.

In den ersten Jahren seiner Karriere arbeitete Edison als Mitarbeiter in der Telegrafenstelle von Port Huron in der Nähe von Detroit. Er empfing die telegrafischen Nachrichten aus Washington und der Welt. Dabei entwickelte er, wie Zeitgenossen anmerkten, die einzigartige Fähigkeit, Empfangslücken durch sein Wissen aufzufüllen. Edison lernte so viel über die Themen, die die Nachrichten bestimmen, dass er die Ausfälle in den Übertragungen mühelos ergänzen konnte.

Mit dieser Prägung im Hinterkopf begann er später bei der Entwicklung von Telegrafensystemen, die Netze zu optimieren. Das Ergebnis: Er präsentierte Erfindungen, die es möglich machten, dass mehrere Nachrichten gleichzeitig versendet werden konnten und dass sie fehlerfrei beim Empfänger ankamen. Seine Welt bestand aus der Optimierung der Telegrafie. Jetzt kam etwas Neues. Für Edison wäre es theoretisch eine leichte Übung gewesen: Den Reset-Knopf drücken, alles auf null stellen und sich auf die neue Technologie einstellen. Doch Edison konnte sich nicht von seinen alten Denkmustern lösen. Unmöglich. Er war zu sehr von seinen eigenen Arbeiten geprägt. Ein zweiter Grund mag eine Rolle gespielt haben: Das Telefon bedrohte seine Arbeiten der vergangenen Jahre. Es erschien Edison als Gefahr. All das, was ihn jahrelang ausgezeichnet hatte, alle seine Entwicklungen, all sein Wissen, das drohte wertlos zu werden angesichts dieser neuen Entwicklung.

Hand aufs Herz: Wie oft reagieren wir wie Thomas Edison, wenn wir etwas sehen, was unseren Erfahrungen zutiefst entgegenläuft? Wie oft sehen wir als erstes die Bedrohung, statt die Chancen in einer neuen Technologie oder einem neuen Verfahren zu erkennen? Und wie oft denken wir, dass das neue unser bestehendes Wissen – und damit indirekt uns selbst – wirtschaftlich wertlos macht?

1878, zwei Jahre nachdem Edison die Erfindung von Alexander Graham Bell als unnütz abgetan und abgelehnt hatte, überraschte er die Welt mit einem Patent: Einem optimierten Mikrofon für das neue Telefon. Edison hatte sich neu erfunden. Den Reset-Knopf gedrückt. Sein Gedanke war nicht mehr: Wie kann ich das Neue verhindern? Sondern: Wie kann ich mit dem, was ich weiß, das Neue voranbringen?

Sein Szenario: Anstatt dass – wie er ursprünglich annahm – Menschen das Telefon ablehnten, stieß dieses neue Gerät – so die neue Annahme – auf unerwartetes Interesse. Edison versetzte sich in Menschen hinein, die dieses neue Gerät sinnvoll nutzen wollten. Und er stieß auf Probleme: Beispielsweise die Klangqualität des Mikrofons, die sich als echter – wie wir es heute ausdrücken würden – Showstopper entpuppen könnte. Edison nahm die Arbeit am Telefonmikrofon auf. Und reichte binnen kürzester Zeit mehrere Patente ein, mit denen er die Klangqualität des Telefons drastisch verbesserte. Vom Zweifler zum Förderer einer neuen Technologie: Für Edison ein mentaler Reset, der ihm vollkommen neue Perspektiven und Möglichkeiten eröffnete.

Der Vorteil an Szenarien: Es sind Annahmen darüber, wie sich die Zukunft entwickeln könnte, keine Gewissheiten. Wenn Sie sich in Ihrem Team oder Ihrem Unternehmen grundsätzlich einmal darauf geeinigt haben, mithilfe unterschiedlicher Szenarien neue Denkwege auszuprobieren, lösen Sie keine Abwehrhaltungen aus.

- Erzählen Sie Ihren Beschäftigten die Geschichte von Thomas Edison.
- Deklarieren Sie die Entwicklung von Denkszenarien als Denktechnik in einem geschützten Raum, der der Entwicklung neuer Ideen, Konzepte und Zukunftsstrategien dient.

Wichtig ist, dass Sie Ihre Beschäftigten bei Ihrer gedanklichen Reise mitnehmen. Stellen Sie sich vor, was passiert wäre, wenn Thomas Edison in Ihrem Team wäre. Sie hätten ein Meeting und Edison würde seine 180-Grad-Wendung erklären.

Thomas Edison: »Ich bin zum Schluss gekommen, dass das Telefon doch eine Zukunft hat. Lassen Sie uns damit beginnen, die Technologie zu erkunden und zu verbessern.«
Antwort aus dem Team: »Heißt das, dass wir jetzt die Entwicklung der Telegrafie vernachlässigen?«
Thomas Edison: »Natürlich nicht, aber dem Telefon gehört definitiv die Zukunft.«

Antwort aus dem Team: »Also doch nicht der Telegrafie? Wie wollen wir das unseren Kunden verkaufen?«
Thomas Edison: »Beides zusammen wird parallel existieren.«
Antwort aus dem Team: »Ich denke nicht, dass unsere Kunden das wollen.«

Merken Sie etwas? Sie sind sofort in einer Abwehrdiskussion. Anstatt sich gemeinsam auszumalen, wie die Welt des Telefonierens in Zukunft aussieht, sind Sie in einer Grundsatzdiskussion darüber gefangen, ob sich das Telefon, die Telegrafie oder beides zusammen durchsetzen wird.

Beispiel: Teamdiskussion über Potenziale neuer Technologien

Gehen wir zurück in das Jahr 2007: Der damalige Apple-CEO Steve Jobs hatte am 9. Januar das erste iPhone vorgestellt. Angekündigt war eine Revolution des Umgangs mit einem Handy. Bis dahin war es primär ein Gerät zum Telefonieren und zum gelegentlichen Versenden von Textnachrichten über SMS. Klar, einige Handys konnten schon ein bisschen mehr, es gab auch schon erste sogenannte WAP-Anwendungen, also rudimentäre Vorläufer mobiler Webseiten. Doch so richtig vorstellbar war die Revolution durch das Smartphone nicht. Entsprechend verliefen viele Diskussionen in Unternehmen so wie die, die ich gerade am Beispiel von Thomas Edison skizziert habe.

Teammitglied 1: »Ich habe am Wochenende das neue iPhone gesehen, das ist schon faszinierend.«
Teammitglied 2: »So ein Quatsch, da sind ja nicht mal Tasten dran.« (Übrigens: Der damalige Microsoft-CEO Steve Ballmer hatte genau den gleichen Einwand.)
Teammitglied 1: »Lasst uns jetzt bitte nicht über Tasten diskutieren. Sondern darüber, was mit diesem neuen Telefon künftig alles möglich sein wird. Videos verschicken, Banküberweisungen per Gesichtserkennung tätigen oder ein Fahrrad mieten, das einfach am Straßenrand steht.«

Teammitglied 2: »Wie soll das funktionieren? Was ich gelesen habe ist, dass diese ganzen sogenannten Apps sowieso nur mit WLAN funktionieren. Es gibt ja nicht mal schnelles Internet. Was für ein tolles Vergnügen: Ein Video übertragen und drei Stunden warten, bis es angekommen ist.«
Teammitglied 1: »Ich würde mit euch gerne einmal diskutieren, welche Chancen und Möglichkeiten darin bestehen.«
Teammitglied 2: »Ich würde mich gerne erst einmal auf unsere neue Webseite konzentrieren. Da haben wir einen interessanten Designvorschlag von der Werbeagentur erhalten.«

Und so weiter. Und so weiter. Und so weiter.

Das Problem: Das Team ist viel zu schnell in eine Meinungsdiskussion abgerutscht, in der naturgemäß der beziehungsweise die eine etwas besser findet als andere. Nur ist der kreative Output aus diesem Meeting gleich Null. Im Gegenteil: Die progressiveren Denker und Denkerinnen fühlen sich verärgert, weil sie sich gestoppt fühlen. Und die konservativeren Köpfe sind genervt, weil für sie ganz andere Probleme im Vordergrund stehen. Entsprechend braucht es hier einen anderen Ansatz.

Teammitglied 1: »Ich möchte mir mit euch gemeinsam gerne zwei Stunden Zeit nehmen, um die Potenziale des mobilen Internets zu erkunden. Ziel ist es, dass wir gemeinsam für uns die Chancen erarbeiten, die sich aus neuen Technologien wie dem iPhone ergeben.«
Teammitglied 2: »Wie soll das funktionieren?«
Teammitglied 1: »Ich möchte gerne ein Denkszenario mit euch durchgehen. Stellen wir uns einmal vor, es gäbe heute bereits schnelles mobiles Internet. Stellen wir uns außerdem vor, dass das iPhone plötzlich für Millionen von Menschen nützlich wird. Und stellen wir uns weiter vor, dass Unternehmen wie Google ihr eigenes Betriebssystem entwickeln, sodass sich das Smartphone innerhalb weniger Jahre komplett verbreitet. Nehmen wir einmal an,

die Menschen würden ihr Telefon daraufhin nicht mehr zum Telefonieren verwenden, sondern für andere Dinge. Wozu wäre es dann nützlich?«
Teammitglied 2: »Wieso nicht mehr telefonieren?«
Teammitglied 1: »Das ist ein Denkszenario. Es hilft uns, einen Reset in unserem Denken durchzuführen und damit wirklich auf neue Gedanken zu kommen. Also: Nehmen wir an, es gäbe schnelles Internet, Kunden würden Smartphones lieben, aber nicht mehr zum Telefonieren verwenden. Was wäre dann der Hauptnutzen?

Andere Teilnehmer und Teilnehmerinnen:

- »Man könnte es sich als Navigationsgerät vorstellen. Im Urlaub würde man keine Kamera mehr mitschleppen.«
- »Man könnte Dinge des täglichen Lebens damit bestellen.«
- »Über eine App könnte ich mühelos Geld von A nach B transferieren, ohne Kontonummern, Bankleitzahlen und andere verwirrende Dinge einzugeben.«
- »Ich könnte den Zustand unserer Produktionsanlagen auf einen Blick kontrollieren.«
- »Ich könnte eine VR-Brille anschließen und mich bei der Wartung von Maschinen aus der Ferne anleiten lassen.«

Der mentale Stresstest hilft, sich in vollkommen neue Denkräume zu begeben und dadurch den Reset durchzuführen. Wichtig ist, diese Denkräume situativ immer wieder zu aktivieren beziehungsweise zu deaktivieren. Also: Nicht nach einem einfachen Brainstorming aufzuhören, sondern fundierte Konzepte und Prototypen unter diesen Annahmen zu entwickeln.

Das Reality Distortion Field

Diese Führungstechnik ist ganz einfach: streichen Sie das Wort »ob«. Ob es wohl möglich ist, künstliche Intelligenz in einem bestimmten Bereich einzusetzen? Ob es möglicherweise machbar ist, die Firma neu zu strukturieren?

Ob ein Kohlekraftwerk klimafreundlich sein kann? Diese Frage existiert bei dieser Führungstechnik nicht. Es ist nur noch die Frage, »wie« das möglich sein kann.

Diese Führungstechnik wurde vom verstorbenen Apple-Gründer Steve Jobs erfolgreich eingesetzt. Er nannte sie »Reality Distortion Field«. Die Fähigkeit, sich eine Realität vorzustellen, obwohl diese aktuell nicht existiert. Legendär war die Wirkung des Reality Distortion Field bei der Entwicklung des Macintosh, der die Grundlage für das schaffte, was wir heute wie selbstverständlich nutzen: den grafischen Desktop. Bis dahin bestanden Computerbildschirme vor allem aus Zeichen und Befehlen. Doch es existierte ein erstes Konzept, den Desktop benutzerfreundlicher zu gestalten und Daten in Form von Ordnern abzulegen. Diese Technologie der Firma Xerox wurde bereits 1973 am Forschungszentrum Xerox PARC entwickelt, wo sich Entwicklerteams sowohl von Apple als auch von Microsoft inspirieren ließen.

Steve Jobs wollte, dass Nutzer und Nutzerinnen Ordner so anlegen konnten, dass sie nicht nur nebeneinander lagen, sondern teilweise übereinander. Zum damaligen Zeitpunkt eine große technische Herausforderung, von der niemand wirklich wusste, ob es technisch möglich ist. Nach dem Besuch des Xerox PARC suggerierte Jobs seinem Entwicklungsteam erfolgreich, dass er diese technischen Möglichkeiten dort gesehen habe. Er war schlichtweg davon überzeugt, dass es anderen bereits gelungen war, das technische Problem zu lösen. Seinen Entwicklern gab Steve Jobs nicht mehr die Aufgabe herauszufinden, OB es möglich ist, sondern nur noch WIE.

Der Unterschied im Denken

Sie fragen sich nicht mehr, OB eine klimafreundlichere Lieferkette bei geringeren Kosten möglich ist, sondern nur noch WIE. Das »wie« zwingt Sie, alle bestehenden Annahmen radikal auf den Kopf zu stellen. Im »wie« steckt nicht zwingend die Optimierung des Bestehenden, schließt es aber auch nicht aus.

- Denken Sie mit Ihrem Team nicht mehr darüber nach, ob Sie mit einem neuen digitalen Geschäftsmodell Geld verdienen können, sondern nur noch darüber, wie es gehen könnte.
- Diskutieren Sie nicht mehr darüber, ob bestimmte Technologien aus dem Bereich Industrie 4.0 Nutzen für Ihre Produktion stiften, sondern nur noch wie Sie sie einsetzen müssen, damit sie den größtmöglichen Nutzen stiften.
- Überlegen Sie nicht mehr, ob Ihre Kunden und Kundinnen mit einem Chatbot kommunizieren wollen, sondern ausschließlich darüber, wie dieser aufgebaut werden muss, damit Sie Ihre Kunden und Kundinnen begeistern.

Sie fragen nicht, ob Kunden und Kundinnen etwas Neues wollen. Das setzen Sie als selbstverständlich voraus. Sie denken nur noch darüber nach, wie es unter diesen neuen Annahmen gestaltet sein muss.

Parallele Denkräume

Sowohl der mentale Stresstest als auch das »Reality Distortion Field« lösen Denkblockaden. Der Vorteil: Sie können jederzeit in eine andere Realität zurückkehren. Radikales Umdenken und kontinuierliche Verbesserung widersprechen sich nicht mehr, es sind lediglich Gedanken und Konzepte, die unter anderen Voraussetzungen zustande kamen. »Das klingt gut, aber wie soll das in der Praxis funktionieren? Sollen wir Projekte vorantreiben, die sich komplett widersprechen? Wo bleibt da die Nachvollziehbarkeit?«

Dazu braucht es das Konzept unterschiedlicher Denkräume: Die Fähigkeit, sich widersprechende Wege gleichzeitig zu gehen.

- Ein Unternehmen kann gleichzeitig das Ziel verfolgen, bestehende Filialen um jeden Preis zu erhalten und das Ziel, sie durch digitale Angebote zu ersetzen.

- Sie entwickeln Technologien für noch effizientere Verbrennungsmotoren und arbeiten gleichzeitig daran, diese Motoren zu ersetzen.
- Sie nehmen gleichzeitig menschenrechtliche Risiken bei Ihren Lieferanten in Kauf und tun alles, um diese Risiken in Ihrer Lieferkette zu beseitigen.

Diese Art der Führung führte noch vor einigen Jahren zu Kopfschütteln. Es gab Schwarz oder Weiß.

- Bankfiliale oder Onlineüberweisung.
- E-Commerce oder stationärer Handel.
- Dreckschleuder oder Saubermann/Sauberfrau.

In der Praxis stoßen wir immer wieder auf unterschiedliche Denkräume. Amazon Gründer Jeff Bezos kaufte 2013 die Zeitung »Washington Post« während sich deutsche Verleger gerade von ihren Tageszeitungen trennen. 2017 kaufte das Unternehmen mit Whole Foods eine der führenden Supermarktketten der USA. Zugleich arbeitete Amazon daran, klassischen Verlagen und Supermärkten Konkurrenz zu machen. Große Mineralölkonzerne investieren in Lobbyarbeit, um Klimaneutralität so weit wie möglich in die Zukunft zu verschieben. Zugleich entwickeln sie sich zu den weltweit größten Treibern nachhaltiger und klimaneutraler Energielösungen.

Dank virtueller Realität ist diese Denk- und Handlungstechnik heute verständlicher als noch vor wenigen Jahren.

Dank virtueller Realität sind diese unterschiedliche Denkräume heute vorstellbar

Sie stellen sich mit einer VR-Brille vor eine grüne Wiese und sehen jetzt Ihr künftiges Haus. Sie können es betreten, einrichten und umgestalten – wie Sie möchten. Ist das Grundstück groß genug, können Sie statt eines Einfamilienhauses ein Mehrfamilienhaus, eine Villa, ein Industriegebiet oder eine Eissporthalle bauen. Nehmen Sie die Brille wieder ab, ist es wieder eine grüne Wiese. Sie können das Grundstück auch teilen. Links das Industriegebiet, rechts Ihre Villa. Oder Sie bauen ein Bürogebäude mit angeschlossener Eissporthalle als Motivationsmaßnahme, um dem Fachkräftemangel zu begegnen. In der virtuellen Realität ist zunächst einmal alles möglich.

Wenn Sie sich entschieden haben, die grüne Wiese zu teilen, haben Sie es mit zwei unterschiedlichen Bauprojekten zu tun. Mit unterschiedlichen Genehmigungsverfahren, unterschiedlichen technischen Anforderungen, unterschiedlichen Bauplänen, verschiedenen Bauunternehmen und möglicherweise sogar unterschiedlichen Arten der Finanzierung: Ihre private Villa finanzieren Sie klassisch über einen Bankkredit, das Industrieprojekt über Crowdfunding oder eine Investmentgesellschaft.

Genauso gehen Sie vor, wenn Sie Geschäftsprozesse, Kundendienstleistungen, Vertriebs- und Marketingstrategien oder neue Geschäftsmodelle der Zukunft entwickeln. Stellen Sie sich vor, Sie würden einfach nur zwei unterschiedliche VR-Brillen aufsetzen. Oder schnell das Programm wechseln. Schon bewegen Sie sich in unterschiedlichen Realitäten. Sie entwickeln unterschiedliche Ziele, unterschiedliche Umsetzungsstrategien, verschiedene Formen der Finanzierung, Sie arbeiten mit unterschiedlichen Menschen zusammen und haben unterschiedliche Risiken, die Sie beachten müssen.

Jedes Mal, wenn Sie in einem der beiden Denkräume nicht weiterkommen, führen Sie einen Reset durch. Sie überlegen: Was muss ich verändern, um zum Ziel zu gelangen? Denn auch in der Phase der Umsetzung gilt: Nicht das »Ob« ist entscheidend, nur das »Wie«.

Intelligente Beschränkungen

Nehmen Sie Ihren Beschäftigten das Geld weg! Nicht generell, nicht persönlich, sondern als Katalysator für den kreativen Prozess. Wenn Ihr Team eine Aufgabe mit einem Budget von fünfzigtausend Euro erledigt hat, nehmen Sie ihm zwanzigtausend Euro weg und sagen Sie: »Das geht bestimmt billiger und besser.« Das Team wird Sie vielleicht ansehen, als hätten Sie sich über Nacht in einen Außerirdischen verwandelt.

»Das geht nicht!«

Billiger und besser, das ist das Ziel. Andersherum können es schließlich alle. Ich habe Projekte und Prozesse erlebt, die immer größer und immer schwerfälliger wurden. In der Einleitung habe ich Ihnen ein Beispiel genannt. Die Verwaltung des Budgets nahm schließlich einen beträchtlichen Teil ein: Meetings, Absprachen mit beteiligten Agenturen, Ausschreibungen, das Gespräch mit dem Einkauf, die Auswahl verschiedener Dienstleister, eine unterstützende Analyse und so weiter. Und mit jedem Meeting wurden die einzelnen Schritte noch komplexer und noch schwerfälliger.

Machen Sie den Test!

Gehen Sie alle wesentlichen Projekte und Prozesse in Ihrem Bereich durch. Fragen Sie sich:

- Was würde passieren, wenn wir das Budget um vierzig bis achtzig Prozent kürzen würde?
- Würde es die Kreativität Ihrer Beschäftigten auf der Suche nach unkonventionellen neuen Lösungen fördern?

Wenn Sie die zweite Frage mit ja beantworten, haben Sie ein wichtiges Handlungsfeld für den Reset gefunden. Niemand mag Budgetkürzungen. Aber wenn Sie dafür mehr Kreativität gewinnen, ist es allemal einen Versuch wert.

Vergeben Sie Geld für gute Ideen. Versuchen Sie nicht, sich mit Geld Ideen zu erkaufen. Sehen Sie es andersherum: Wäre es nicht ärgerlich, wenn Sie eines Tages mitbekommen, dass die ganzen neuen Ideen, für die Sie viel Geld bereitgestellt haben, genau an diesem Geld ersticken?

Machen Sie sich die intrinsische Motivation Ihrer Beschäftigten zu Nutze

Beispiel: Aufräumen im Kinderzimmer

Wie bekommen Sie einen Fünfjährigen dazu, sein Zimmer aufzuräumen? Für den Fall, dass Sie keinen Fünfjährigen zu Hause haben: An der Zahl der Ausreden, warum es jetzt unter keinen Umständen möglich ist, das Zimmer aufzuräumen, können Sie leicht das kreative Potenzial eines Kindes erkennen. »Meine Teddybären lenken mich ab.« »Ich kriege diese Lego-Konstruktion nie wieder so aufgebaut.« Wenn Sie nachfragen, was an dem chaotischen Haufen von Legosteinen denn bitteschön eine Konstruktion sein soll, bekommen Sie die Antwort: »Das ist ein Haus nach einem Vulkanausbruch.« Beliebt ist auch die Ausrede: »Ich würde ja gerne das Zimmer aufräumen, aber mein Körper sagt mir, dass ich jetzt spielen muss.« Sie haben also die Wahl: Ihr Kind irgendwie dazu zu bringen, das Zimmer aufzuräumen oder so lange zu warten, bis Sie irgendwann den örtlichen Bauunternehmer mit der Generalsanierung des Zimmers beauftragen müssen.

Im Wesentlichen gibt es zwei Arten, ein Kind zum Aufräumen zu motivieren: Zuckerbrot oder Peitsche. Manchmal auch beides zusammen. Mit säuselndem Tonfall sagen Sie: »Wenn Du jetzt aufräumst, bekommst Du nachher ein Eis.« Oder Sie setzen Ihr böses Gesicht auf, gucken sehr ernst und sagen: »Wenn Du nicht aufräumst, gibt es kein Eis für die nächsten fünf Tage.« Eines von beidem funktioniert meistens. Was haben Sie getan? Sie haben Bedingungen gesetzt, die die Motivation des Kleinen deutlich gesteigert haben. Diese Bedingungen kamen von außen, sie waren also extrinsisch.

Dieses Kinderzimmerdenken ist tief verwurzelt und Grundlage vieler effizienter Prozessabläufe. Wenn Beschäftigte in der Qualitätskontrolle fest definierte Standards nicht erfüllen, werden sie extrinsisch motiviert, das heißt bestraft. Das Gleiche gilt für Beschäftigte, die ihre Ziele nicht erreichen. Übertreffen die beiden ihre Ziele, erhalten sie eine Prämie. Im Kern ist es das gleiche wie: »Ich nehme dir dein Eis weg« oder »Du bekommst ein besonders großes«. Bis zu einem gewissen Grad funktioniert extrinsische Motivation ausgesprochen gut.

Doch es gibt einen stärkeren Verbündeten, wenn es darum geht, eine Abteilung oder ein Unternehmen neu zu erfinden. Intrinsische Motivation. Die bereits zitierte amerikanische Wissenschaftlerin Teresa Amabile von der Harvard Universität hat in den vergangenen Jahrzehnten unzählige Studien zur Kreativität in Unternehmen durchgeführt. Das Ergebnis ihrer Forschungen ist eindeutig: Die Qualität von kreativen Denkprozessen und die Ideen, die daraus hervorgehen, sind bedeutend besser, wenn Beschäftigte intrinsisch motiviert sind, das heißt das Feld ihrer kreativen Leidenschaft gefunden haben und das tun, woran sie wirklich Spaß haben. Spaß und Leidenschaft lassen sich nicht anordnen.

Intrinsische Motivation ist der Grund dafür, dass sich erwachsene Menschen stundenlang mit ihrer Spielzeugeisenbahn beschäftigen oder im Garten Pflanzen beschneiden. Es ist der Grund, warum Internetnutzerinnen freiwillig an fremden Softwareprojekten mitarbeiten oder die Verantwortung für die Pflege von Wikipedia übernehmen. Niemand befiehlt es ihnen und niemand kontrolliert sie.

Intrinsische Motivation nutzen oder bestrafen?

Nehmen wir an, einer Ihrer Mitarbeiter aus dem Bereich der technischen Kundenbetreuung programmiert in seiner Freizeit sogenannte Open-Source-Software. Was bedeutet das? Bei Ihnen im Unternehmen erfüllt er die Pflicht, von seinem kreativen Potenzial profitieren andere. Nehmen wir an, dieser Mitarbeiter erscheint regelmäßig morgens übermüdet zur Arbeit. Schließlich hat er bis frühmorgens an hoch spannenden Softwareprojekten gesessen, von denen er sich einfach nicht lösen konnte. Wie reagieren Sie?

Möglichkeit 1: Sie verwarnen ihn und drohen mit Konsequenzen. Sein kreatives Potenzial solle er bitte künftig im Dienst des Unternehmens einsetzen, wenn es noch einmal vorkommt, dass er übermüdet zur Arbeit erscheint, hat dies dienstrechtliche Konsequenzen. Das klassische Kinderzimmerdenken: Wenn du dein Kinderzimmer nicht aufräumst, dann wirst du bestraft.

Möglichkeit 2: Sie überlegen, was Ihren Mitarbeiter dazu bewegt, nachts vor dem Computer komplexe Programmierungsprobleme zu lösen, welche Anerkennung er in der Community findet, die ihm das Unternehmen offenbar nicht gibt und versuchen, sein Know-how in der Programmierung von Open-Source-Software zu nutzen. Statt ihn zu maßregeln, zeigen Sie Interesse an seiner Arbeit und fragen ihn über die Open-Source-Community aus. Mit wem arbeitet er zusammen? Wie funktioniert Teamwork bei solchen Projekten? An welchen Projekten arbeitet er? Was ist der Vorteil von Open Source? Was ist die Philosophie dieser Bewegung? Sie bieten ihm an, einen Tag pro Woche künftig ein Pilotprojekt zu entwickeln, wie sich Open-Source-Software bei Ihnen im Unternehmen einsetzen lässt.

Was glauben Sie? Von welchem Vorgehen werden Sie und Ihr Unternehmen im Veränderungsprozess am Ende mehr profitieren? Zugegeben, die zweite Variante klingt im ersten Moment merkwürdig. Heißt das, dass alle Beschäftigten ihre persönliche Leidenschaft im Unternehmen ausleben können? Nein. Lassen Sie mich die Frage anders formulieren: Wie sehr kann Ihr Team oder Ihr Unternehmen von dieser Leidenschaft profitieren?

Voraussetzungen für intrinsische Motivation

Intrinsische Motivation lässt sich nicht anordnen. Dann wäre sie nicht mehr intrinsisch. Selbst mit viel Geld und verlockenden Karriereaussichten würde ich Sie nicht dazu bekommen, sich für ein Thema zu begeistern, das Sie tief im Herzen langweilt. Für intrinsische Motivation sind mehrere Voraussetzungen erforderlich:

Spaß am Aufgabengebiet. Manche Themenfelder liegen Ihnen beziehungsweise Ihren Beschäftigten mehr, andere weniger. Von der Möglichkeit, in einem Bereich zu arbeiten, der einen persönlich interessiert, geht eine tiefe persönliche Befriedigung aus.

Die konkrete Aufgabenstellung. Innerhalb eines bestimmten Bereichs reizen Sie manche Aufgaben mehr als andere. Positive Herausforderungen sind ein wichtiger Treiber. Wenn Sie beispielsweise im Marketing-Bereich tätig sind, haben Sie möglicherweise mehr Spaß an der innovativen Neukonzeption von Broschüren, der Entwicklung von Webseiten oder dem Aufbau von Communities in sozialen Netzwerken als an Routineaufgaben wie der regelmäßigen Aktualisierung des Hauptkatalogs oder der Produktdatenbank.

Die Team-Zusammensetzung. Innerhalb von Projektteams kann das entstehen, was man den kreativen »Spirit« nennt. Eine Atmosphäre der Euphorie und der Begeisterung. Diese Euphorie und diese Begeisterung werden möglicherweise nicht bis zum Renteneintrittsalter anhalten, aber für einen gewissen Zeitraum kann sie Teammitglieder enorm dazu motivieren, nach neuen kreativen Lösungen zu suchen.

Die Art der Herangehensweise an die Aufgabe. Es gibt Beschäftigte, die mögen strukturierte Projektpläne gerne, andere lieben das kreative Chaos. Die einen lesen gerne umfangreiche Analysen, die anderen müssen raus zum

Kunden: Befragen, Fotografieren, Filmen, Erleben. Lassen Sie Ihren Teammitgliedern in dieser Hinsicht Freiheiten.

Definieren Sie gemeinsam die Ziele. Helfen Sie Ihren Beschäftigten, beim Erreichen dieser Ziele so viel Spaß wie möglich zu haben. Ich verwende bewusst das Wort »Spaß«. Als der berühmte Erfinder Thomas Edison am Ende seines Lebens auf seine Arbeit zurückblickte, beklagte er nicht die vielen gescheiterten Versuche, die Momente großer Frustration und die vielen Nächte im Labor, sondern er sagte einen Satz, der den gesamten Wert intrinsischer Motivation deutlich macht. Er sagte: »Ich habe nicht eine Sekunde meines Lebens gearbeitet, es war alles Spaß«.

Schaffen Sie für Ihre Beschäftigten ein Umfeld, das ambitionierte, mitunter sogar unerreichbare Ziele mit einem Maximum an Spaß kombiniert. Im Gegensatz zu einer weit verbreiteten Ansicht verwandeln Sie Ihr Unternehmen dabei nicht in eine »Spaßbude«, sondern Sie verstehen es, die Leidenschaft Ihrer Beschäftigten in Wettbewerbsvorteile und damit Profit zu verwandeln.

Das können Sie tun

Hier sind vier konkrete Maßnahmen, mit denen Sie die intrinsische Motivation Ihrer Beschäftigten besser ausschöpfen können:

1. Verhängen Sie ein Projekt-Veto. Erlauben Sie es Ihren Beschäftigten, ein Projekt abzulehnen, wenn sie dafür nicht die notwendige Leidenschaft empfinden. Verändern Sie die Aufgabenstellung gemeinsam, vergeben Sie das Projekt neu oder hinterfragen Sie, ob das Projekt überhaupt sinnvoll ist. Natürlich gibt es Projekte, die gemacht werden müssen, keine Frage. Dies trifft auf vielleicht dreißig bis vierzig Prozent zu. Bei den anderen sechzig bis siebzig Prozent müssen Sie sich die Frage stellen: »Was bringt es mir, wenn ein Projekt halbherzig und mit faden Ergebnissen zu Ende gebracht wird? Bringt mir ein anderes Projekt, das mit Leidenschaft durchgeführt wird, am Ende nicht vielleicht sogar mehr?«

2. Richten Sie eine Projekt-Börse ein. Vergeben Sie Projekte nicht einfach an die Person, die laut Organisationsplan dafür zuständig ist, sondern schreiben Sie Projekte aus. Der Vorteil dieser Methode: Sie können selbst entscheiden, welche Projekte Sie ausschreiben. Vergeben Sie das Projekt an Teams aus Freiwilligen oder gestatten Sie es dem Team, sich die weiteren Projektpartner selbst auszusuchen.

3. Machen Sie es wie beim Eislaufen. Es gibt die Pflicht und die Kür. Sagen Sie Ihren Beschäftigten, dass Sie einen bestimmten Prozentteil Ihrer Arbeit, beispielsweise einen halben Tag pro Woche, für Herzensprojekte verwenden dürfen. Vereinbaren Sie Ziele für diese Zeit, aber lassen Sie Ihren Beschäftigten freien Gestaltungsspielraum.

4. Die 5:1-Regel. Für fünf feste Projekte, die Beschäftigte zu betreuen haben, gibt es eines, das frei wählbar ist. Damit erreichen Sie ein ausgewogenes Verhältnis zwischen den Dingen, die kontrollierbar erledigt werden müssen und kreativen Neuprojekten. Vereinbaren Sie Bedingungen bezüglich der Projektgröße, Projektdauer und der auf das Projekt verwendeten Zeit.

5.5 Den Autopilot in den Köpfen abschalten

Wahrscheinlich haben Sie als Führungskraft selbst bereits die Erfahrung gemacht. Sie erlassen Regeln, beschreiben haargenau, wie sich Ihre Beschäftigten in welcher Situation zu verhalten haben und was genau getan werden soll. Dann ereignen sich Dinge, die anders verlaufen als vorgesehen oder aber Beschäftigte interpretieren die Regeln anders, als Sie sie interpretieren.

Was folgt ist eine Spirale des Regelungswahns.

- Sie erlassen Regeln darüber, wie die Regeln auszulegen sind,
- verzweifeln daran, dass die Regeln zur Auslegung der Regeln wiederum verschieden interpretiert werden,
- woraufhin Sie Anweisungen zur Auslegung der Auslegungsvorschriften von Regeln erlassen.

Alles in der Hoffnung, dass es jetzt doch schließlich jeder verstanden haben müsste. (Falls Sie das zufällig an das Steuersystem erinnert, ist das kein Zufall. Das Steuersystem ist das beste Beispiel für die Wirkungslosigkeit zu komplexer Regelsysteme).

Regeln eingehalten, aber Ziele verfehlt. Warum?

Schon Albert Einstein beklagte: »Perfektion der Mittel und Konfusion der Ziele kennzeichnen meiner Ansicht nach unsere Zeit.« Die meisten Unternehmen sind methoden- und prozessgetrieben. In jedem Managementmeeting lösen die Worte »strukturierte Herangehensweise« bei den Beteiligten ein Leuchten in den Augen aus. Wenn jemand sagt: »Das lässt sich regeln«, wird bedächtig genickt.

Wie schwierig es ist, durch die Aufstellung genauer Regeln komplexe Sachverhalte in den Griff zu bekommen, durfte ich am eigenen Leib erfahren. Als Programmdirektor beim Radio verbrachte ich Tage damit, sogenannte Styleguides zu verfassen. In den Styleguides waren einerseits die Senderziele definiert, andererseits enthielten sie genaue Umsetzungsrichtlinien für die Redaktion und die Moderation. So gibt es in vielen Radiostationen saisonale Jingles, das sind Senderkennungen, die mit einem Hinweis auf die Jahreszeit versehen sind. Im Sommer gab es Jingles für Sonnenschein und Jingles für Regen. Und natürlich haben wir genauestens versucht, den Einsatz dieser Elemente auf dem Sender zu regeln: Bei Sonnenschein die Sonnen-Jingles, bei Regen die Regen-Jingles. Eigentlich gar nicht so schwer zu verstehen.

Wenn da das Wetter nicht wäre. Was also tun Sie, wenn in neunzig Prozent des Sendegebiets die Sonne scheint, aber ein kleines Schauergebiet von Südwest nach Nordost durchzieht? Dann passiert es ständig, dass Sie gerade im dicken Regenschauer hängen, während Ihnen Ihr Radiosender verkündet: Sommer, Sonne, tolle Musik.

Natürlich haben wir das Regelwerk entsprechend verändert und festgehalten, dass bei Wechselwitterung im Land die Sommer-Jingles aus dem Programm zu nehmen und durch normale Jingles zu ersetzen sind. Wieder haben wir die Rechnung ohne das Wetter gemacht. Dummerweise stand fast sechs Wochen lang im Wetterbericht: »Wechselnd bewölkt mit sonnigen Abschnitten und vereinzelt Schauern.« Was nun? Vielleicht können Sie sich vorstellen, was passierte. Wochenlang waren die teuer produzierten saisonalen Jingles nicht im Programm zu hören. Denn alle Beschäftigten hielten sich exakt an die Regeln.

Das Ganze entspannte sich erst, als ich den Beschäftigten ein einfaches simples Ziel vermittelte: Bringt das Gefühl dieses Sommertages auf den Sender. Ob es regnet, gewittert oder so heiß ist, dass man Bratwürste zum Grillen in die Sonne legen kann, egal. Hauptsache, das Gefühl des Sommertages auf den Sender bringen. Von nun an kamen die Beschäftigten fast jeden Tag mit neuen Ideen, wie das Wetter und das Gefühl des Sommers neu und kreativ auf den Sender zu bringen ist. Ich musste erkennen: Meine Regelungswut hatte dafür gesorgt, dass meine Beschäftigten ihre Gehirne auf Autopilot geschaltet haben.

Wo Regeln guttun – und wo nicht

Nun können Sie natürlich sagen: »Das ist ja auch die Kreativbranche. Woanders funktioniert so etwas nicht.« Und eingeschränkt haben Sie recht. Wenn Sie zu McDonalds gehen und einen Cheeseburger bestellen, möchten Sie nicht, dass der Koch seiner Kreativität freien Lauf lässt. Ob in Gera, Gelsenkirchen oder Griechenland, der Burger soll immer gleich schmecken.

Wenn der Abfluss Ihrer Waschmaschine zu Hause ein Leck hat, möchten Sie keinen kreativen Handwerker haben.

Auf Sätze wie

- »Ich würde heute gern mal ein neues Material ausprobieren.«,
- »Soll ich Ihnen ein schickeres Rohr holen? Das dauert aber noch drei Tage.« oder
- »Wieso das Rohr gleich auswechseln? Wir können doch auch mit ihm reden.«

würden Sie wahrscheinlich eher aggressiv reagieren. Zu Recht. Und auch der kreative Zahnarzt, der Ihnen – nachdem er das Loch seines Lebens in Ihrem Zahn hinterlassen hat – sagt: »Entschuldigen Sie bitte, ich wollte mal mit einem neuen Bohrer experimentieren« würde Ihnen wahrscheinlich wenig Freude bereiten. In all diesen Bereichen ist es gut, wenn klare Regeln gelten. In anderen Dingen jedoch ist es hinderlich.

Beispielsweise, wenn sich Beschäftigte aus dem Vertrieb zu starr an die Vorgaben halten und die drei Grundregeln aus dem Seminar »Erfolgreicher verkaufen« herunter rattern:

1. Erzähle, dass das Angebot besonders exklusiv ist und versuche deinen Kunden davon zu überzeugen, dass es eine Ehre ist, dass gerade er angerufen wird.
2. Setze den Kunden unter Zeitdruck, indem du vorgibst, das Angebot sei nicht mehr lange vorrätig.
3. Erzähle ständig von zufriedenen Kunden mit wohlklingenden Namen und wiederhole diese Namen möglichst häufig.

Genau mit diesen legendären drei Verkäufertricks hat ein Kongressveranstalter versucht, unser Unternehmen zu einem Sponsoring zu überreden. »Herr Dr. Meyer, das ist eine ganz exklusive Veranstaltung, auf der nur wenige ausgewählte Sponsoren teilnehmen dürfen. Wir haben Sie dazu ausgewählt. Es steht – das muss ich Ihnen allerdings sagen – nur noch ein einziger Platz zur Verfügung. Und ich sage Ihnen, Unternehmen wie X und Y sind bereits mehrfach dabei, weil sie uns immer wieder sagen, wie begeistert sie sind«.

Der Mann war hartnäckig. Er rief eine Woche lang fast jeden Tag an. Am fünften Tag sagte ich ihm: »Wissen Sie, was nicht zusammenpasst? Sie versuchen, mir eine Veranstaltung als hochwertig zu verkaufen und bedienen sich der gleichen Tricks wie ein Gebrauchtwagenverkäufer: »Das Auto ist ganz exklusiv nur für Sie da, ich habe auch nur noch ein einziges, aber dafür gibt es schon fünf andere Interessenten. Und namhafte andere Kunden aus Ihrer Stadt haben unsere Autos gerne immer wieder gekauft«.

Was glauben Sie, hat mir der Verkäufer geantwortet? In seinen Regeln und Verhaltensvorschriften stand leider nicht drin, dass ihm der Kunde die frisch erworbenen Kenntnisse aus dem Verkaufsseminar ankreidet. Also fuhr er fort: »Herr Dr. Meyer, das ist wirklich eine ganz exklusive Veranstaltung. Und nur für Sie habe ich den letzten Platz reserviert. Das hat mich unglaubliche Überzeugungskraft gegenüber meinem Chef gekostet. Und der Herr X und der Herr Y von der Firma Z und ZZ sind seit Jahren unsere glücklichen Stammkunden und sagen Ihnen, das werden Sie nicht bereuen«.

Regel befolgt, Kunde vertrieben

Wissen Sie, warum wir unser privates Familienkonto nicht bei der Sparkasse haben? Weil die Person, die uns dort empfangen hat, das Ziel hatte, Regeln einzuhalten und nicht einen neuen Kunden zu gewinnen. Mit Frau und Kind im Schlepptau erschien ich eines Tages bei der Sparkasse, um ein Familienkonto zu eröffnen.

»Ich würde gerne ein Konto eröffnen.«
»Was? Heute?«
»Ja. Ist damit etwas verkehrt?«
»Nein. Aber heute ist Sonnabend und da sind unsere Kundenberater nicht verfügbar.«
»Und?«
»Da müssen Sie zunächst einen Termin mit einem Kundenberater machen.«
»Wozu einen Termin machen? Wir wollen nur ein Konto eröffnen.«
»Das ist bei uns leider so.«
»Wann hätten Sie denn einen Termin frei?«
»Oh, das sieht schlecht aus. In der nächsten Woche am Donnerstag um 14:00 Uhr.«

Mein Hinweis, dass Donnerstag 14:00 Uhr für die arbeitende Bevölkerung ein schwer zu realisierender Termin sei, wurde mit einem verständnislosen Blick beantwortet. »Na, dann wollen Sie kein Konto eröffnen?« »Nein. Dann gehen wir zu einer anderen Bank.«

Diese Mitarbeiterin hat absolut nichts verkehrt gemacht. In ihren Regeln und Dienstvorschriften steht zu hundert Prozent genau beschrieben, wie mit Kunden umzugehen ist und welche Regeln und Verläufe bei der Errichtung eines Kontos einzuhalten sind. Trotzdem führt es zu der absurden Situation, dass sich von Montag bis Freitag ganze Marketingstäbe den Kopf darüber zerbrechen, wie Kunden an die Sparkassen gebunden werden können. Am Samstag werden diese dann zielgerichtet aus der Filiale wieder vertrieben. Einzig, indem die Regeln eingehalten werden.

Den schwersten Fall von Regelungswahn habe ich am Flughafen Boston erlebt. Bezeichnenderweise war es genau der gleiche Ort, an dem später die Attentäter des 11. September die Sicherheitskontrollen passierten. Ich war damals ProSieben-Korrespondent in Washington. Mit meinem Kamerateam war ich auf dem Weg von Boston in die US-Hauptstadt. Mein Kameramann hatte eine schwere Fernsehkamera dabei, die den Regeln entsprechend durch den Scanner geschoben wurde. Ein Objekt wie eine Fernsehkamera ist – allein auf Grund seiner Größe und des Gewichts von knapp acht Kilogramm – bestens dazu geeignet, Sprengstoff zu transportieren. Und so waren wir es gewohnt, an jeder Sicherheitskontrolle mindestens noch einmal zehn Minuten aufgehalten zu werden.

Dieser Sicherheitsbeamte hatte irgendwo in seinem Regelwerk stehen: »Verdächtige Gegenstände sind abzutasten.« Und nun können Sie sich vielleicht vorstellen, was passierte: Der Beamte stellte die Kamera hin, nahm seine Hände und tastete die Kamera Zentimeter für Zentimeter ab. Dabei machte er ein ausgesprochen wichtiges Gesicht. Nach ungefähr zwanzig Sekunden sagte er uns: »All right.« Entweder, wir hatten es hier mit Edward mit den Röntgenhänden zu tun, oder der Beamte hat sich einfach nur an seine Regeln gehalten. Ich vermute Letzteres.

Machen Sie den Regel-Reset!

Zu wenige Regeln führen Unternehmen ins Chaos, zu viele ersticken die Kreativität von Beschäftigten und verhindern jeden Anflug von Veränderung. Schlimmer noch: Wenn Unternehmen ihre Beschäftigten zu dressierten Schimpansen machen, vergessen diese vor lauter Regeln das Ziel.

- Sie setzen Sonnenschein-Jingles ein, obwohl es regnet, weil sie das Ziel nicht verstanden haben: Sommergefühl zu transportieren.
- Sie weichen nicht links und nicht rechts von ihren Verkaufsregeln ab.
- Sie machen alles richtig und vertreiben dabei neue Kunden.
- Sie gefährden sogar die Sicherheit von Flugzeugen, weil sie Regeln befolgen, statt Ziele zu erkennen: Sprengstoff aus dem Flugzeug fernzuhalten.

Kreative Mitdenker oder dressierte Schimpansen – wie eng ist das Korsett für Ihre Beschäftigten?

Ersticken Regeln die Kreativität Ihrer Beschäftigten oder sind sie wirklich notwendig? Machen Sie den Regel-TÜV. Überprüfen Sie alle Regeln und fragen Sie sich: »Welches Ziel wird damit verfolgt?«

Sie leiten ein Hotel. Ihre Beschäftigten haben die Anweisung, jeden Gast nach seiner Anreise zu befragen? Was steckt dahinter? Welches Ziel wollen Sie damit verfolgen? Wahrscheinlich sollen sich Gäste bei Ihnen besonders wohl fühlen. Nun, spätestens wenn alle Gäste die gleiche Frage fünfmal nacheinander gehört haben, wird sie als Floskel begriffen.

Ihre Beschäftigten im Customer Support Team sollen jeden Kunden alle drei Monate einmal kontaktieren? Warum? Was ist das Ziel dieser Maßnahme? Vielleicht sollen sich Kunden von Ihnen besonders gut betreut fühlen. Wer aber sagt Ihnen, dass sich Kunden von Ihnen nicht besonders genervt fühlen?

Eine Mitarbeiterin aus dem Marketing möchte eine neue Kampagne testen. Die Marktforschungstools und die Gesellschaft, mit der sie arbeiten soll, sind genau vorgegeben. Die Arbeitsweisen und Abfragemechanismen sind genauso geregelt wie die Zielgruppenauswahl und die Testmethoden. Welcher Anreiz wird hier gesetzt? Regeln einzuhalten oder dafür zu sorgen, dass das Ergebnis wirklich das bestmögliche ist?

Regeln machen in der Phase der schnellen Transformation häufig weniger Sinn, als Sie es zunächst vermuten. Bei meiner Arbeit mit einem großen deutschen Konzern sagte mir einer der Innovationsbeauftragten: »Natürlich wissen wir, dass wir in zwei Jahren mit dieser Idee auf dem Markt keine Chance mehr haben. Aber wir entwickeln sie trotzdem weiter, denn die Regeln besagen, dass unser Innovationsprozess so lange dauert«. Das führt zu einer absurden Situation: In dem speziellen Bereich war eine gesamte Abteilung damit beschäftigt, Regeln einzuhalten – wohl wissend, dass das Produkt auf dem Markt später chancenlos sein wird, weil es ein bis zwei Jahre zu spät kommt. Manchmal ist es einfach sinnvoller, in der Phase der Innovation und Transformation Regeln zunächst einmal außer Acht zu lassen.

Führen Sie einen Reset Ihres Regelsystems durch! Fragen Sie sich:

- Was ist das Ziel dieses Prozesses?
- Was ist das Ziel einer jeden einzelnen Regel in diesem Prozess?
- Hinterfragen Sie es und beginnen Sie dort, wo es sinnvoll erscheint, Regeln durch Ziele zu ersetzen.

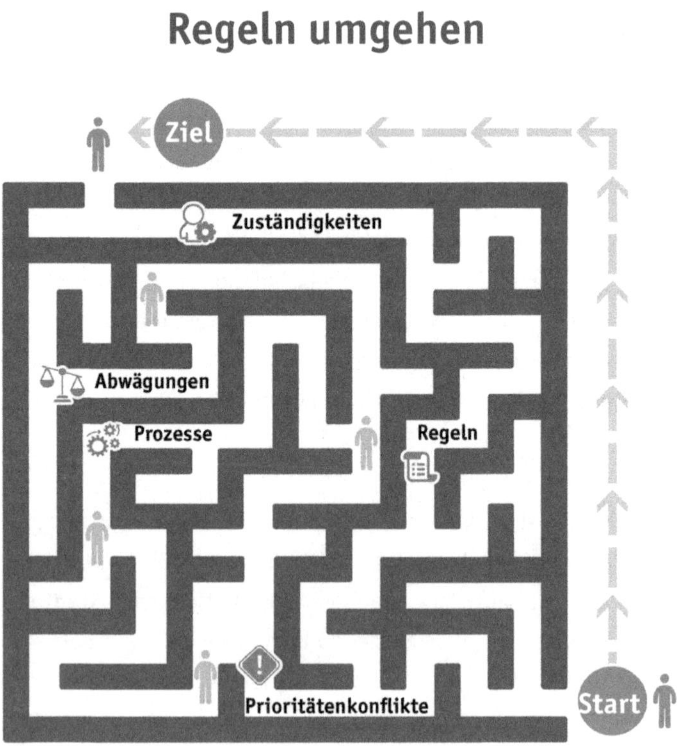

Teil 6 – Reset Yourself

6.1 Denken Sie Ihre Skills neu!

Die Fähigkeiten, die Unternehmen und Organisationen in den nächsten zehn Jahren erfolgreich machen, sind andere als die, die sie erfolgreich gemacht haben. Das ist eine scheinbar simple, aber wichtige Aussage. In diesem Buch habe ich dazu bereits einige wichtige Schlüsselfragen aufgeworfen:

- Warum meldete die Videoverleihkette Blockbuster Insolvenz an, während Netflix aufstieg?
- Warum dominiert der klassische Einzelhandel nicht auch den Onlinehandel?
- Und warum schafft es manches Start-up mit wenigen Beschäftigten schnellere und bessere Lösungen zu entwickeln, als etablierte Unternehmen, die mehr Ressourcen, mehr Köpfe und bessere etablierte Geschäftsbeziehungen haben?

Weil sich das Skillset, also die Fähigkeiten der einzelnen Beschäftigten, radikal unterscheidet.

Jetzt geht es um Sie! Um Ihre Fähigkeiten. Um Ihr Wissen. Und um Ihre Bereitschaft, sich auf das Neue einzulassen. Denn was hilft es, wenn ein Unternehmen den Reset wagt, Führungskräfte diesen fördern, aber Beschäftigte nicht bereit sind, sich zu verändern? Diesen Verdacht habe ich bei Ihnen nicht, sonst hätten Sie eher ein Buch mit dem Titel »Warum die Zukunft düster und schrecklich wird« gekauft. Ich möchte Ihnen konkrete Handlungsoptionen an die Hand geben, mit denen Sie Ihr Set an Fähigkeiten neu zusammenstellen können.

Beispiel für unterschiedliche Skillsets: Einzelhandel und Onlinehandel

Der Einzelhandel und der Onlinehandel sind nur scheinbar in der gleichen Branche tätig. Tatsächlich erfordert der Aufbau eines Onlinehandels ganz andere Fähigkeiten als der eines Einzelhandels.

Einzelhandel	Onlinehandel
Fähigkeit, gute Lagen in belebten Einkaufsstraßen zu erkennen	Fähigkeit, Toppositionen bei Google zu erlangen
Fähigkeit, attraktive Schaufenster zu gestalten	Fähigkeit, Konversionen auf Webseiten zu erhöhen
Fähigkeit, das Verhalten von Kunden und Kundinnen im Geschäft zu erfassen	Fähigkeit, das Verhalten von Besuchern auf Webseiten zu tracken
Verkaufspersonal darin schulen, Bedürfnisse von Kunden und Kundinnen zu erkennen	Datenmodelle entwickeln, die Bedürfnisse analysieren
Fähigkeit, sich von anderen lokalen Händlern abzugrenzen und einzigartig zu werden	Fähigkeit, sich von global agierenden Händlern abzugrenzen und Alleinstellungsmerkmale aufzubauen

Die Anforderungen sind grundverschieden. Und trotzdem gibt es große Überschneidungen.

Wenn man das Skillset, also den Korb an Fähigkeiten, von Beschäftigten in beiden Geschäftsmodellen miteinander vergleicht, ist es wie ein Puzzle, aus dem man einige Teile entfernt und andere wieder einfügt. Und genau dieses Modell hilft Ihnen in den nächsten Jahren.

Sie müssen nicht alles vergessen, was Sie bisher gelernt haben! Sie müssen die Puzzleteile Ihres Wissens nur auf eine neue Art und Weise miteinander verknüpfen, überflüssige Puzzleteile entfernen und durch neue ersetzen. Plötzlich stellen Sie fest, dass Sie über ein hochmodernes Skillset verfügen, weil Sie auf dem aufbauen können, was Sie in einer analogen Welt gelernt haben.

Stellen Sie sich vor, Sie waren bisher eine Fachkraft im Einzelhandel.

- Sie kennen die Faktoren, nach denen Kunden und Kundinnen Waren ansehen und Kaufentscheidungen treffen.
- Sie haben sich in Ihrer Ausbildung mit der Psychologie hinter Kaufentscheidungen auseinandergesetzt, um ein Warenportfolio und eine Einrichtung im Geschäft zu optimieren.
- Jetzt beginnen Sie, sich mit Datenmodellierungen und der Entwicklung von Algorithmen auseinanderzusetzen.
- Sie fügen neue Puzzleteile hinzu und verknüpfen sie auf eine neue Art und Weise.

Sie werden schnell merken: Sie bauen auf dem auf, was Sie bereits wissen. Ein großer Vorteil gegenüber anderen, die zwar ein Verständnis von Algorithmen haben, aber nur über geringe Kenntnisse in der Psychologie von Kaufentscheidungen verfügen.

So führen Sie den Reset durch

Der Reset des eigenen Skillsets folgt dem gleichen Prinzip, das Sie in diesem Buch bereits häufiger kennengelernt haben: Es geht nicht darum, zu vergessen. Es geht auch nicht darum, alles radikal neu zu erfinden. Es geht darum, sich aus der Falle des eigenen Denkens zu befreien, das fast unweigerlich dazu führt, dass wir Bestehendes durch Optimieren konservieren.

Vorbereitung auf den mentalen Reset

Der Reset Ihrer Fähigkeiten erfordert etwas, was uns Menschen naturgemäß schwerfällt: Die Bereitschaft, sich von Dingen zu trennen, die wir nicht mehr benötigen. Wir neigen dazu, krampfhaft nach Lösungen für die Zukunft zu suchen, wollen dabei aber möglichst viel von dem bewahren, was wir wissen.

Wenn Sie Ihre Abstellkammer ausmisten wollen, weil Sie mit Dingen überquillt, die Sie nicht mehr benötigen, kommt eine mentale Übung vor dem Ausmisten: Sie müssen sich fragen, ob Sie wirklich bereit sind, sich von dem zu trennen, was Sie nicht mehr benötigen.

In meiner Zeit als junger Polizeibeamter bin ich häufig in der Wohnung von Menschen gewesen, die diese Bereitschaft nicht hatten. Die Wohnung quoll über von Dingen, die ihre Bewohner gar nicht mehr brauchten. Ich erinnere mich an einen Extremfall, in dem eine Person nicht einmal mehr in der Lage war, sich von Essensresten zu trennen. Selbst diese galten als zu wertvoll, um sie wegzuwerfen. Es sind die Menschen, die wir als Messies bezeichnen.

In unseren Köpfen sind wir oft Messies.

- Wir versuchen, Wissen zu bewahren, obwohl es nur in der Vergangenheit nützlich war.
- Wir versuchen, Fähigkeiten zu bewahren, obwohl sie uns in der Zukunft keinen Mehrwert mehr bieten.

Ohne die Bereitschaft, sich radikal von altem Wissen zu trennen, ist kein Platz für einen Reset. Wir werden zu mentalen Messies. Unser Kopf ist ein Museum von Dingen, Wissen und Fähigkeiten, die vor langer Zeit einmal wichtig waren.

Drücken Sie den mentalen Resetknopf

Stellen Sie alles einmal auf Null zurück. Zurück auf den Tag, an dem Sie Ihre jetzige Tätigkeit begonnen haben. Auf den Tag, an dem Sie neugierig und wissbegierig begonnen haben, alles aufzusaugen und zu lernen, was sich in Ihrem Umfeld ereignet.

Setzen Sie sich Ziele für Ihr künftiges Skillset

Stellen Sie sich vor, wie Sie im Jahr 2030 mit einem Skillset arbeiten. Überlegen Sie, was Ihnen wirklich Spaß macht. Worauf sind Sie neugierig? Welche Art der Tätigkeit würde Sie reizen? Womit sind Sie 2030 erfolgreich?

Tatsächlich kann dieser Teil des Resets deutlich länger dauern als viele glauben. Überlegen Sie, wie viele Unternehmen Schwierigkeiten damit haben, ein klares Zukunftsbild zu definieren. Lassen Sie sich Zeit. Einen Monat, ein Jahr, vielleicht auch länger.

Beschäftigen Sie sich mit unterschiedlichen Dingen: Schauen Sie sich die Lernvideos von Google zu künstlicher Intelligenz an, lernen Sie, wie Sie Alexa (den Sprachassistenten von Amazon) selbst programmieren können (gar nicht schwer), lesen Sie ein Fachbuch zum Qualitätsmanagement in der Automobilindustrie oder machen Sie einen Online-Lehrgang zu Nachhaltigkeit.

Ihnen ist das alles zu trocken?

Lernen Sie, Videoclips selbst zu schneiden und hübschen Ihre nächste Präsentation damit auf. Setzen Sie sich mit Kollegen und Kolleginnen für ein Brainstorming zusammen und entwickeln Sie gemeinsam einen digitalen Assistenten, mit dem Sie nervige Anfragen aus anderen Bereichen automatisiert beantworten können. Oder recherchieren Sie, wie Methoden der Gesichtserkennung weltweit im Guten und im Schlechten eingesetzt werden.

Beschäftigen Sie sich dabei mit Themen, die weit von dem entfernt liegen, was Sie aktuell tun. Sie sind in der Rechtsabteilung eines Unternehmens tätig? Setzen Sie sich mit den Prinzipien des Onlinemarketings auseinander. Sie sind in einer Onlinemarketingagentur im grafischen Design tätig? Lernen Sie die Grundregeln des Qualitätsmanagements nach ISO 9001 oder eines Informationssicherheitsmanagementsystems nach ISO 27001. Sie sind in der Kundenberatung tätig? Setzen Sie sich mit den Grundlagen künstlicher Sprachassistenten auseinander.

Alle diese Bereiche liegen weit voneinander entfernt und hängen doch stark miteinander zusammen. Jetzt beginnen Sie, sich Ihre künftige Tätigkeit bildhaft vorzustellen. Die Vision entsteht in Ihrem Kopf.

Entwickeln Sie das Puzzle Ihres künftigen Skillsets

Machen Sie sich eine Liste: Fähigkeiten und Kenntnisse, über die Sie heute bereits verfügen, Fähigkeiten, die Sie ausbauen müssen und Fähigkeiten, die Sie neu lernen müssen. Mit einer solchen Liste können sich beispielsweise Beschäftigte im Einzelhandel, die ich zu Beginn des Kapitels angesprochen habe, auf die neue Welt vorbereiten.

Fähigkeiten, die ich besitze	Fähigkeiten, die ich ausbauen muss	Fähigkeiten, die ich neu lernen muss
Kundenpsychologie und Entscheidungsmotive	Aus Grundkenntnissen des Onlinemarketings Spezialkenntnisse machen	Google-Optimierung (Search Engine Optimization)
Einsatz von Sonderangeboten und -aktionen	Anschluss von Onlineshops an Warenwirtschaftssysteme	Informations- und Datensicherheit
Warenwirtschaftssysteme	Kennzahlensysteme im Onlinehandel	Erfolgsstrategien von Onlineshops

Erschließen Sie neue Wissensquellen: Wie Sie Ihren Horizont auch ohne Harvard-Studium erweitern

Wissen findet sich heute überall: bei YouTube, in sozialen Netzwerken wie LinkedIn oder Quora, in Blogs und Online-Lehrgängen. Diese Informationen können Sie – vorausgesetzt die Quelle ist verlässlich und seriös – für sich nutzen! Denn es ist ein Merkmal hochkreativer Menschen, dass sie alles tun, damit sie nicht im eigenen Saft schwimmen. Bei der Ideenschmiede 3M gehört eine Warnung zu den wesentlichen Werten des Unternehmens: »Baue Zäune um Menschen herum und du wirst Schafe bekommen.«

- Natürlich können Sie sich selbst systematisch abschirmen und dafür sorgen, dass Sie nur mit Kolleginnen und Kollegen aus der eigenen Branche in Berührung kommen.
- Sie können Ihren Arbeitsalltag so gestalten, dass nur wenige neue Einflüsse auf Sie einströmen.
- Sie können aber auch dafür sorgen, dass Sie sich ständig und immer wieder unterschiedlichsten Einflüssen aussetzen.

Damit schaffen Sie eine wertvolle Grundlage für den Reset. Sie blicken über den Tellerrand und suchen in unterschiedlichsten Bereichen nach neuen Impulsen. Sie erschließen systematisch neue Wissens- und damit Ideenquellen.

Beispiel: Neue Wissens- und Ideenquellen im Vertrieb erschließen

Sie sind im Vertrieb tätig und in Kontakt mit zahlreichen Kunden jeden Tag. Wie genau sehen Ihre Berichte aus? Wonach schauen Sie bei Ihren Kunden? Welche Informationen bekommen Sie? Fragen Sie lediglich die Zufriedenheit ab und stellen Fragen wie diese:

- »Wie zufrieden sind Sie mit unseren Produkten?«
- »Wie zufrieden sind Sie mit unseren Dienstleistungen?«
- »Wie zufrieden sind Sie mit unserer Betreuung?« und so weiter

Dann finden Sie heraus, dass Ihr Kunde mehr oder weniger zufrieden ist. Aber Sie erfahren nichts Neues. Sie und Ihr Unternehmen verharren im Status quo, wertvolle Chancen bleiben ungenutzt. Neue Chancen erschließen Sie erst dann, wenn Sie Fragen wie diese stellen:

- »Wie verwenden Sie momentan das Produkt?«
- »Was tun Sie vorher, was tun Sie nachher?«
- »Wie genau sieht der Arbeitsprozess aus, in dem unser Produkt verwendet wird?«
- »Welche Schwierigkeiten gibt es dabei?«
- »Was ist im täglichen Umgang mit unseren Produkten anders, als Sie es zunächst erwartet haben?«

Im Vertrieb können Sie jeden Tag Neues erfahren! Neue Probleme, neue Handlungsstrategien, neue Technologien. Sie können Probleme erkunden, von denen Ihr Kunde noch nicht einmal weiß, dass er sie hat.

Fragetechniken, um neue Wissensquellen zu erschließen

Wir sind es gewohnt, vor allem auf das zu hören, was im Hauptsatz steht. Jemand sagt Ihnen, warum er mit einer Maschine zufrieden ist, warum er mit Ihrer Dienstleistung zufrieden ist, was er momentan erfolgreich tut, wo er seine zukünftigen Chancen sieht und so weiter.

Eine potenzielle Kundin sagt beispielsweise: »Unser neues Produkt kommt sehr gut an, obwohl wir doch einige Schwierigkeiten hatten«.

Worauf achten Sie nun? Achten Sie darauf, dass die Kundin Ihnen gesagt hat: »Sehr gut«? Oder achten Sie auf »... doch einige Schwierigkeiten ...«?

Wenn Sie auf »doch einige Schwierigkeiten« geachtet haben, sind Sie bei der nächsten Frage: »Worin genau bestehen denn diese Schwierigkeiten?«. Sie versuchen, Punkte herauszubekommen, bei denen Ihr Gegenüber Optimierungsbedarf hat. In den Problemen Ihres Gegenübers könnte eine Chance liegen. Dabei hilft Ihnen eine dreistufige Fragetechnik:

Stufe 1: Die Suche nach offensichtlichen Problemen. Ihr Gegenüber erzählt Ihnen freimütig, wo die Probleme liegen. Mal existieren Hindernisse bei der Umsetzung, mal gibt es Schwierigkeiten, mal gibt es Verzögerungen. Um Problemstufe 1 zu erkunden, brauchen Sie vor allem eines: Offene Ohren. Ihr Kunde erzählt Ihnen ja freimütig, woran es liegt.

Stufe 2: Die unbewussten Probleme. Es sind die Probleme, die Ihr Gegenüber hat, ohne sie aber wirklich benennen zu können. Der Prozess zur Auslieferung einer bestimmten Dienstleistung ist etwas kompliziert, aber eigentlich haben sich im Unternehmen alle daran gewöhnt. Für Sie könnte es trotzdem eine Chance sein, diesen Prozess schneller zu machen. Meistens erkennen Sie solche Probleme aus der Kunst der Nebensätze. Jemand sagt »im Großen und Ganzen ist alles in Ordnung«. Hier liegt also etwas im Argen, was momentan Ihr Gegenüber noch nicht wirklich als problematisch ansieht. Wenn Sie aber dieses Problem definieren, könnte es für Sie eine Chance sein.

Stufe 3: Probleme, die Ihr Gegenüber erst dann hat, wenn er sich verbessern möchte. Hier müssen Sie aktiv nachfragen. Ihr Kunde erzählt Ihnen beispielsweise: »Bei der Auslieferung unserer Produkte ist alles perfekt«. Haken Sie jetzt nach. Fragen Sie beispielsweise: »Nehmen wir an, Sie wollten noch besser werden, was müssten Sie dann tun?«.

6.2 Warum der Reset-Knopf im Kopf oft Ladehemmungen hat

»Denken Sie doch mal in vollkommen neue Richtungen.«
»Seien Sie kreativ.«
»Machen Sie sich doch mal frei im Kopf.«

So oder so ähnlich klingt es, wenn Sie aufgefordert werden, neue Ideen zu entwickeln. Einfach alles hinter sich lassen, den »Reset«-Schalter im Kopf drücken und vollkommen neu denken. Und? Klappt es? Auf Knopfdruck alle Beschränkungen vergessen, die es gibt?

Sie sind im Marketing der Pharmabranche tätig. Vergessen Sie doch schnell mal sämtliche Beschränkungen, die der Branche im Bereich der Werbung auferlegt sind. Oder Sie sind Wirtschaftsprüferin. Werfen Sie doch mal eben schnell alles über Bord, was Sie über das Handelsgesetzbuch gelernt haben. Was, das geht nicht? Sie sind aber unkreativ!

Machen Sie sich darüber keine Gedanken. Mit Ihnen ist alles in Ordnung. In diesem Kapitel werden Sie erfahren, warum es nicht einfach mal eben so geht. Und warum das auch seine Vorteile hat. Ich werde Ihnen erklären, warum Ihr Gehirn von Natur aus träge ist. Warum Sie es austricksen müssen, um einen Reset durchzuführen. Und wie Ihre Kreativität Sie dabei unterstützt.

Scheren im Kopf! – Denkblockaden, die einen Reset verhindern

Doch bevor Sie kreativ loslegen und den Reset wagen können, möchte ich Ihnen zunächst einmal fünf Scheren vorstellen, die unbewusst in Ihrem Kopf agieren. Sie sind sehr effektiv daran, Neues zu unterdrücken. Finden Sie heraus, welche Scheren bei Ihnen aktiv sind. Und erfahren Sie, wie Sie diese Scheren bei sich selbst und bei Menschen in Ihrem Umfeld deaktivieren können. Nicht gänzlich und nicht von heute auf morgen, da spricht die Hirnbiologie dagegen. Auch diese werden Sie in diesem Kapitel kennen lernen. Aber mit etwas Training und Geduld lässt sich Ihr Kopf auf neue Gedankenspiele ein.

Schere 1: Die Gewohnheitsschere

Sie sehen etwas Ungewohntes: Eine neue Idee, eine ungewöhnliche Lösung. Statt zu jubeln, spüren Sie erst einmal ein Gefühl der Ablehnung. »Das sieht aber merkwürdig aus«, denken Sie. Vielleicht neigen Sie auch dazu, zu sagen: »Spinner«. Warum ist das so? Ganz einfach: Unser Gehirn zieht automatisch bekannte Lösungen unbekannten vor. Das geht schneller als ständig nach neuen Lösungen zu suchen. Etwas Neues zu akzeptieren, bedeutet umzulernen.

Sie können den Test an sich selbst machen. Nachdem Sie sich lange in Ihr neues Mailprogramm hineingearbeitet haben, nachdem Sie endlich wissen, wo welche Menüpunkte zu finden sind und nachdem Sie endlich herausgefunden haben, wie Sie Mails kategorisieren können, taucht plötzlich folgende Meldung auf: »Eine neue Version ist verfügbar. Neue Benutzeroberfläche.« Wie reagieren Sie?

a. »Ja, super, mir wurde schon langweilig mit der alten Benutzeroberfläche!«
b. »Ich hatte sowieso nichts im Urlaub vor, da kann ich auch zur Weiterbildung gehen und umlernen.«
c. »Um Himmels Willen, warum das denn jetzt?«

Ich wette, Sie haben eine leichte Tendenz zu c). Das ist die Gewohnheitsschere. Übrigens auch ein Grund, warum sich innovative Lösungen häufig schwerer am Markt durchsetzen, als man es zunächst denkt. Auch Konsumenten haben Scheren im Kopf, die eine solide Mauer gegen das Neue bilden.

Wie Sie diese Schere deaktivieren: Verbieten Sie die erste Lösung, die Ihnen Ihr Gehirn anbietet. Stellen Sie sich vor, Ihre Vorgesetzte würde Ihnen sagen: »So geht das nicht. Ich will alles noch einmal neu.« Damit zwingen Sie Ihr Gehirn, die Gewohnheitsschere auszuschalten. Kolleginnen und Kollegen mit Gewohnheitsscheren im Kopf setzen Sie mit einfachen Fragen schachmatt. Auf den Klassiker unter den Ideenkillern »Das haben wir noch nie so gemacht«, reagieren Sie mit: »Ist das jetzt gut oder schlecht?« Wenn die Antwort »schlecht« lautet, bitten Sie um eine fundierte Begründung. Sie brauchen nur noch abwarten, bis Ihr Gegenüber die Schere offenbart: »Weil wir es so schon immer gemacht haben.«

Schere 2: Die Machbarkeitsschere

»Geht nicht!« Sobald Sie eine Idee haben, die merkwürdig klingt oder unerreichbar scheint, spuckt Ihr Kopf tausend Einwände aus, warum es nicht funktionieren kann. In der Steinzeit hatte es durchaus Sinn, dass die Natur uns so programmiert hat. Es schützte die Menschen davor, sich blind auf das nächste Mammut zu stürzen und zu versuchen, es mit bloßen Händen zu erlegen. Weil irgendein schlauer Kopf gesagt hat: »Geht nicht. Mammut zu groß.«

Die Machbarkeitsschere steht Visionen ständig im Weg. Sie ist die Waffe derer, die Bedenken haben.

- »Viel zu teuer.«
- »Da haben wir nicht das richtige Personal.«
- »Das ist praktisch nicht umsetzbar.«

Meistens haben sie auch noch recht. Die Idee ist wirklich teuer, es ist wirklich kein Personal vorhanden und die Wahrscheinlichkeit, dass sich die Idee einfach umsetzen lässt, ist geringer als dass sie scheitert. Doch was ist die Alternative: im Bewährten zu verharren, während sich die Welt dramatisch verändert?

Wie Sie diese Schere deaktivieren: Bis Sie Ihre Idee erfolgreich umgesetzt haben, werden Sie noch dutzende von Hindernissen überwinden müssen. Notieren Sie alle Einwände gegen Ihre Idee. Formulieren Sie für jeden Einwand sogenannte Wiki-Fragen: »Wie kann ich das Hindernis am besten überwinden?« Entwickeln Sie daraus Ihren Aktionsplan für die nächsten Wochen. Und bei Ihrem Umfeld? Setzen Sie die Idee in Bezug zu Ideen, die funktioniert haben. Leicht provokant (aber hochwirksam) ist eine Aussage wie: »Die Menschheit ist zum Mond geflogen. Sag mir eine Begründung, warum das hier dann nicht funktionieren soll.«

Schere 3: Die Wissensschere

Sie suchen nach einer Lösung. Sie grübeln und grübeln. Nichts. Was Sie auch tun, Ihr Kopf suggeriert Ihnen: »Da gibt es nichts.« Eigentlich logisch. Unser Kopf weiß nicht, was er nicht weiß. Und da ist es einfach, mit einer simplen Botschaft zu reagieren: »Es gibt keine Lösung.« Das ist völliger Unsinn, aber für unseren Kopf allemal besser, als zu signalisieren: »Ich weiß zu wenig.« Das würde unser Selbstvertrauen auf Dauer erschüttern.

Glauben Sie nicht alles, was aus Ihrem Kopf herauskommt! Sonst ergeht es Ihnen möglicherweise wie den Entwicklern eines Maschinenbauers, die den kreativen Super-GAU erlebt haben.

Beispiel: Wissensschere im Maschinenbau

Drei Jahre lang hatten die Ingenieure des Unternehmens versucht, eine deutlich preiswertere Variante einer Maschine herzustellen. Die Ingenieure kamen zum Ergebnis: »Technisch nicht machbar.« Das Management des Unternehmens gab die Aufgabe an eine externe Firma. Drei Monate später war das Gerät marktreif. Wie konnte es dazu kommen? Das Management hatte die Problematik der Wissensscheren unterschätzt.

Die beteiligten Ingenieure dachten, dass sie alles wüssten, was zur Entwicklung des Gerätes notwendig war. Dummerweise hatten sie eines übersehen: Sie wussten nicht, was sie nicht wussten. Und weil sie es nicht bemerkten, wussten sie nicht, was sie hätten wissen müssen, um die Innovation voranzubringen. Diese Wissensscheren verhindern täglich neue Ideen – ohne dass es jemandem bewusst ist. Sie fallen nicht auf, weil ja nur die wenigsten erkennen, dass die Beteiligten etwas nicht wissen.

Wie Sie diese Schere deaktivieren: Gehen Sie ab heute davon aus, dass es für alles eine Lösung gibt. Sie wissen nur nicht, in welchem Bereich sie zu finden ist. Formulieren Sie konkrete Suchfragen und nehmen Sie Kontakt mit Menschen aus anderen Bereichen auf. Sie werden staunen, wie schnell Sie neue Lösungen finden!

Schere 4: Die Regelschere

Diese Schere wird schon ganz früh aktiv. Bevor Sie überhaupt beginnen, in eine neue Richtung zu denken, suggeriert sie Ihnen: »Das darf man nicht.« Der Hauptgrund dafür ist unsere Konditionierung. Von frühester Kindheit an werden wir erzogen: »Das darfst du nicht.« »Das macht man nicht.« Im Berufsleben sind wir perfekte Regel-Chamäleons: Wir passen uns schnell den Regeln unserer Umgebung an. Leider zu perfekt: Indem wir ständig alles richtig machen wollen, beschneiden wir unsere Kreativität. Indem wir dauernd Vorhersagen darüber treffen, was alles nicht erlaubt sein könnte, verschließen wir uns den Möglichkeiten, die ein gezielter Regelbruch mit sich bringen würde.

Die Regelschere wird auch bei unsichtbaren Gesetzen aktiv, beispielsweise bei Marktgesetzen. »Der Markt funktioniert so und so.« Diese Aussage lässt sich so lange treffen, bis irgendjemand die Regeln des Marktes neu definiert.

Die Regelschere wird übrigens auch aktiv, wenn Sie Innovation in zu feste Prozesse pressen. Ich habe häufig in Unternehmen erlebt, dass sich Beschäftigte aus Innovationsabteilungen mehr mit dem Gedanken auseinandergesetzt haben, wie sie die Regeln des nächsten Schrittes richtig befolgen, als mit der Innovation selbst.

Wie Sie diese Schere deaktivieren: Stellen Sie sich zwei einfache Fragen: »Warum sollte das nicht erlaubt sein?« »Was könnte im schlimmsten Fall passieren?« Gewöhnen Sie sich die »Strategie des sanften Bulldozers« an: Niemanden fragen, erst mal machen. Dabei werden Sie schnell feststellen: Die Regeln, von denen Sie dachten, dass sie Sie fesseln, werden vom sanften Bulldozer mühelos zur Seite geschoben. Ihren skeptischen Kollegen oder Mitarbeitern erzählen Sie am besten nichts davon. Sie werden es schon irgendwann merken.

Schere 5: Die Widerspruchsschere

Diese Schere achtet ganz genau darauf, was Sie von sich geben. Sobald ein Widerspruch droht, signalisiert sie klar: »Stopp!« Denn wir neigen dazu, nach außen stets ein logisches, nachvollziehbares Bild abgeben zu wollen. Alles, was widersprüchlich scheint, ist uns ungeheuer: Gestern noch dagegen – heute dafür, da fühlen wir uns sofort als Wendehals. Wenn bis gestern galt, dass dieser oder jene Ansatz der beste von allen ist, tun Sie sich verständlicherweise schwer damit, zuzugeben, dass Sie heute anderer Meinung sind. Doch Vorsicht! Die Widerspruchsschere hat schon manch klugen Menschen in einen Betonkopf verwandelt!

Wie Sie diese Schere deaktivieren: In Alternativen zu denken und sich nicht zu früh auf eine Option festzulegen, ist sowohl in der Wissenschaft als auch im kreativen Denken ein Qualitätsmerkmal, keine Schande. Wer weiß in Zeiten der Veränderung wirklich, welche Strategien und Ideen am Ende funktionieren? Wir werden es in Zukunft häufiger erleben, dass unterschiedlichste Strategien und Denkwege nebeneinander bestehen. Gewöhnen Sie sich an,

Plan B immer griffbereit zu haben. Erklären Sie es Ihren Kollegen und Mitarbeitern genauso. Sie erscheinen dann nicht mehr als widersprüchlich, sondern bleiben logisch nachvollziehbar.

Scheren weg – was nun?

Ohne Ihre Scheren im Kopf werden Sie sich am Anfang möglicherweise manchmal etwas unsicher fühlen. Das ist normal: Wie so vieles, was sich die Natur ausgedacht hat, haben auch die Scheren einen Sinn. Sie geben uns das Gefühl von Sicherheit und Orientierung. Das ist der Grund dafür, warum wir uns so schwer damit tun, wenn wir aufgefordert werden, doch einmal außerhalb bestehender Schranken nachzudenken.

Ein Reset muss genauso geübt werden wie andere Dinge. Es ist viel einfacher, Regeln zu lernen und zu befolgen als Regeln zu brechen und ohne sie zu denken. Ein Grund, warum die US-Wissenschaftler Jeffrey H. Dyer, Hal B. Gregersen und der im Oktober 2020 verstorbene Clayton Christensen (Buch: The Innovator's Dilemma) dafür plädierten, innovatives Denken in der Praxis zu entwickeln und zu stärken. »Wir können die Wichtigkeit, innovatives Verhalten immer und immer wieder zu üben, gar nicht stark genug betonen«, schrieben sie in einem Artikel.

Ausflug in die Hirnbiologie: Warum Ihr Kopf so flexibel wie eine deutsche Behörde ist

Vielleicht haben Sie beim Lesen häufiger gedacht: »Eigentlich gar nicht schwer. Klingt ja auch ganz logisch. Aber irgendwie fällt es mir schwer, umzudenken.« Ich weiß nicht, wie alt Sie sind, aber ich vermute, dass Sie schon einige Jahre sozialer Prägung hinter sich haben: Die Schulzeit, die Ausbildung, das Studium, unzählige Weiterbildungen, die Jahre im Unternehmen, das alles hat Spuren hinterlassen. Und jetzt steht da in einem Buch, dass Sie umdenken und einen Reset wagen sollen. Und das scheint Ihnen möglicherweise so schwer, als würden Sie einen katholischen Geistlichen davon überzeugen wollen, mit fünfundfünfzig doch noch schnell das Lager zu wechseln und den evangelischen Glauben anzunehmen. Selbst wenn Sie die besten Argumente der Welt hätten, wahrscheinlich würden Sie eher einen Pinguin zum Sprechen bringen, als das zu schaffen.

Warum ist das so? Ich möchte Ihnen auf den folgenden Seiten einen kurzen Überblick über das geben, was in Ihrem Kopf passiert, wenn Veränderungen bevorstehen. Es wird Ihnen helfen, zu verstehen, warum sich Transformation und Innovation nicht einfach anordnen können. Und warum Sie einen langen Atem brauchen, wenn Sie Skeptiker von neuen Wegen überzeugen wollen. Sie wollen den Kampf gegen die Bedenkenträger in Ihrem Unternehmen aufnehmen? Dann sollten Sie wissen, warum diese häufig gar nicht anders können als Neues abzulehnen. Wenn Sie verstehen, was in den Köpfen vorgeht, werden Sie Ablehnung nicht mehr persönlich nehmen.

Erfahrung: Wertvolles Kapital mit einer Kehrseite

Im Laufe unseres Lebens entwickeln wir sehr genaue Vorstellungen davon, wie Dinge korrekt erledigt werden, welche Lösungen funktionieren und welche Ansichten richtig sind.

Als Beschäftigte im Marketing bekommen Sie ein Gespür dafür, was Kundinnen und Kunden wünschen, als Führungskraft führen Sie Beschäftigte irgendwann intuitiv, eine Universitätsprofessorin hat genaue Vorstellungen davon, welches Wissen für ihre Studierenden wichtig ist, ein Politiker weiß, wie man sich ausdrücken muss, damit man nicht falsch interpretiert wird.

Dieses Wissen ist das Kapital erfahrener Menschen. Erfahrung ist gerade in unübersichtlichen Zeiten ein guter Lotse, sie ist unerlässlich, um aus dem Bauch heraus Entscheidungen zu treffen. Stellen Sie sich vor, Sie müssten vor jeder Entscheidung eine Pro- und Contra-Liste aufstellen. Sie würden es nicht einmal schaffen, morgens pünktlich zum Arbeitsplatz zu kommen.

- Frühstücksei oder nicht?
- Die braunen oder die schwarzen Schuhe?
- Auto fahren oder den Zug nehmen?
- Die Nachrichtenseiten von vorne bis hinten durchlesen oder nur die Schlagzeilen überfliegen?

Für all diese Entscheidungsfragen kennt Ihr Kopf eine fantastische Abkürzung: Die Erfahrung. »Ich bin schon immer Auto gefahren, so auch heute.« Punkt. Nachgedacht wird nur, wenn es um Grundsätzliches geht. Steht die Entscheidung einmal, dann bitte nicht mehr an ihr rütteln. Denn die Erfahrung hat gezeigt, dass sie gut ist. Erfahrung lässt sich an keiner Schule erlernen und durch nichts ersetzen. Ihre Erfahrung macht Sie einmalig. Dass Sie auf das Kapital Ihrer Erfahrungen zurückgreifen und sie im Bruchteil einer Sekunde anwenden können, ist ein Wunder, dessen Entstehung zu den faszinierendsten Leistungen des menschlichen Gehirns gehört.

Wie funktioniert das? Ihr Gehirn filtert täglich eingehende Informationen und entwickelt daraus das, was wir »Gefühl« nennen. Die einzelnen Informationen, die zur Entwicklung dieses Gefühls geführt haben, werden aussortiert.

Gefühlstrichter

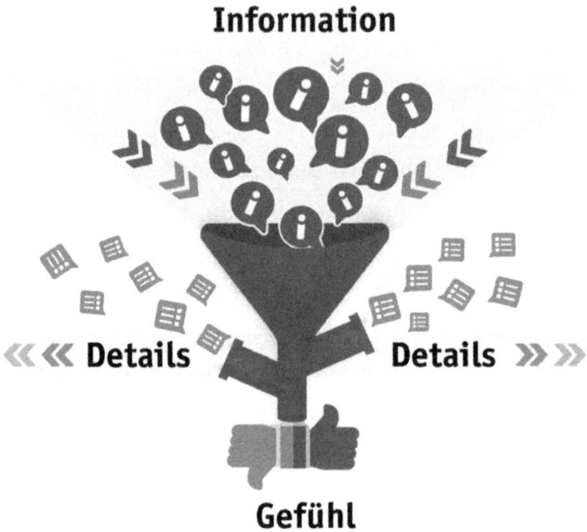

Das gibt uns die Möglichkeit, schnell zu reagieren, ohne viel nachzudenken. Es hat aber auch Nachteile, die Ihnen in den kommenden Abschnitten näher erläutern werde.

Der Radarfallen-Reflex

Sie fahren in Ihrem Auto mit überhöhter Geschwindigkeit auf einer Landstraße. Plötzlich bemerken Sie rechts am Straßenrand eine Radarfalle. Sofort treten Sie auf die Bremse. Warum haben Sie gebremst? Mit hoher Wahrscheinlichkeit lautet Ihre Antwort: »Ich bin zu schnell gefahren und wollte keine Strafe zahlen.« Diese Aussage klingt schlüssig, ist aber nur im Prinzip richtig. Denn es würde voraussetzen, dass Sie über die Konsequenzen nachgedacht haben. Haben Sie das? Haben Sie innerlich abgewogen, was dieser Kasten am Straßenrand wohl zu bedeuten hat und welche Konsequenzen es hätte, wenn es gleich blitzen würde? Wahrscheinlich nein. Sie haben reflexartig gebremst. Sie wurden nicht von Ihrem aktiven Verstand, sondern Ihrer Erfahrung geleitet, einem schwer definierbaren Gefühl, das Ihnen gerade einige Punkte in Flensburg erspart hat.

Im täglichen Leben werden wir mehr von Gefühlen wie dem Radarfallen-Reflex geleitet, als uns bewusst ist, vielleicht sogar mehr als uns lieb ist. Wer sich mit diesen unterbewussten Vorgängen beschäftigt, versteht, warum Erfahrung ein einmaliges Kapital ist, das wertvoll, aber auch hinderlich sein kann. Denn das Kapital Erfahrung hat eine Kehrseite: Es birgt die Gefahr in sich, dass vieles so bleibt, wie es schon immer war. Die Probleme von heute werden so angegangen wie die Probleme von gestern. Jahrzehntelange Wahrheiten müssen nicht überprüft werden, weil es schließlich jahrzehntelange Wahrheiten sind.

Wenn Sie sich ausschließlich auf Ihre Erfahrungen verlassen, verlieren Sie schnell den Blick dafür, dass alles auch ganz anders sein könnte. Vielleicht werden Sie jetzt sagen: »Ich bin nicht so! Ich bin flexibel im Denken!« Wenn das wahr wäre, wären Sie ein hirnbiologisches Wunder. Unser Gehirn drängt geradezu darauf, dass wir einmal bekannte Lösungen nicht ständig wieder infrage stellen. Unser Gehirn ist in diesem Bereich so flexibel wie eine deutsche Behörde.

Das Amt für emotionale Stabilität

Stellen Sie sich Ihr Gehirn für einen Moment als riesige Behörde vor, deren wichtigste Aufgabe darin besteht, für ein ausgeglichenes Lebensgefühl und emotionale Stabilität zu sorgen. Zehntausende Beamte sind damit beschäftigt, Informationen zu sammeln und zu bewerten, Anfragen zu beantworten und Entscheidungen zu treffen. Jeden Tag werden neue Akten angelegt, bearbeitet und ergänzt, ganze Berge von Akten werden auf kleinen Rollwagen durch die Gänge geschoben. (Falls Ihr Amt die digitale Transformation bereits hinter sich hat, tauchen die Vorgänge auf dem Rechner auf.) Von diesen vielen kleinen Dingen bekommen Sie als Behördenleitung nichts mit. Offen gesagt, wollen Sie auch nicht zu viel mitbekommen. Zu viele Details würden Sie verwirren.

Ähnlich funktioniert unser Gehirn. Der Großteil dessen, was in unserem Kopf vorgeht, gelangt niemals in das Bewusstsein. Sie bekommen davon nichts mit. Und wenn es in unser Bewusstsein gelangt, dann niemals vollständig. Das Unterbewusstsein ist ständig damit beschäftigt, Informationen zu filtern, mit Assoziationen anzureichern und in leicht konsumierbare Häppchen zu verwandeln.

Wie unser Gehirn Informationen filtert

Ein sehr wichtiger Teil Ihrer inneren Behörde ist die »Abteilung zur Bewertung eingehender Reize«, die darüber entscheidet, ob eine Information an die Chefetage, eine Fachabteilung oder den Papierkorb weitergeleitet wird. Als Behördenleitung werden Sie nur dann involviert, wenn der Vorgang neu und wichtig ist.

Der Bremer Hirnforscher Gerhard Roth geht davon aus, dass das menschliche Unterbewusstsein Informationen nach einem solchen Muster vorfiltert. Es gibt ein System, das darüber entscheidet, ob sich Ihr Bewusstsein mit einem Problem beschäftigt, Sie also Ihre Aufmerksamkeit einer Sache widmen oder nicht. Dieses System, so Roth, unterteilt alles, was Sie wahrnehmen, nach den Kriterien »wichtig – unwichtig« sowie »bekannt – nicht bekannt«: »Nur wenn die Bewertungsinstanz ein Geschehnis oder eine Aufgabe als wichtig oder neu einstuft – etwa wenn neue Bedeutungen zu erfassen, komplexe Probleme zu lösen und neue motorische Fähigkeiten zu erlernen sind –, wird das Bewusstseins- und Aufmerksamkeitssystem voll eingeschaltet.«

Auch an Vollständigkeit ist Ihr Gehirn nicht interessiert. Um komplette Sachverhalte zu erfassen, genügen einige Schlüsselinformationen. Ihr Kopf reduziert die einfallende Datenmenge drastisch: Auf ein Millionstel. Anschließend reichert Ihr Kopf die Daten mit Assoziationen an und verknüpft sie mit Bekanntem. Es ist der Flaschenhals der Reduktion. Zur Verdeutlichung ein paar Zahlen:

- In jeder Sekunde strömen circa 109 bit auf das menschliche Gehirn ein.
- Diese Daten werden auf 102 Bit pro Sekunde reduziert und anschließend auf 107 Bit pro Sekunde angereichert.

Auch ohne den Taschenrechner zu zücken, wird schnell klar: Wir alle bekommen von der Realität fast nichts mit. Wir nehmen gedankliche Abkürzungen. Alles andere würde unser Gehirn überlasten. Vielleicht ist das der Grund, warum soziale Medien wie Twitter oder Gruppen in Messengerdiensten wie Telegram so erfolgreich sind: Dort wird die komplexe Realität auf wenige Zeichen reduziert. Unser Gehirn mag das.

Der Autopilot in Ihrem Kopf

Noch etwas verhindert den Reset. Unser Kopf möchte am liebsten den Großteil des Arbeitstages im Modus »Autopilot« verbringen. Im Kapitel Reset Leadership habe ich diesen Autopiloten bereits kurz erwähnt. Versetzen Sie sich kurz in Ihre Fahrschulzeit zurück: Damals konnten Sie kaum das Gas- vom Bremspedal unterscheiden und brachten beim Abbiegen jeden zweiten Fußgänger in Lebensgefahr. Und heute? Spiegel, Blinker, Blick zur Seite, Spur wechseln. Dieser Vorgang, der Ihre Fahrlehrerin oder Ihren Fahrlehrer damals an den Rand der Verzweiflung brachte, läuft vollautomatisch ab. Während Ihr Unterbewusstsein Sie durch den Stadtverkehr lotst, können Sie über die Freisprechanlage mit Ihrer Vorgesetzten telefonieren, Verhandlungen mit Geschäftspartnern führen oder sich über den schlechten Service Ihres Mobilfunkanbieters beschweren. Sie haben den Kopf frei für die großen Dinge und Entscheidungen des Lebens, Ihr Unterbewusstsein regelt den Kleinkram. Oder anders ausgedrückt: Ihr Gehirn kommt ganz gut ohne Sie zurecht.

Auch dieses Phänomen kann die Forschung erklären: Wenn Sie Informationen abspeichern, entstehen in Ihrem Gehirn Bahnen, gigantische Zellennetzwerke, denen zum Teil komplette Aufgaben übertragen werden. Wissenschaftler reden von sogenannten neuronalen Netzen.

- Wenn Sie häufiger mit einem bestimmten Problem konfrontiert werden, legt Ihr Gehirn Lösungsmuster an.
- Werden Sie anschließend erneut mit dem Problem konfrontiert, aktiviert Ihr Gehirn diese biochemischen Verknüpfungen und die Lösung ist da.
- Je mehr sich dieser Prozess automatisiert, desto weniger bekommen Sie davon mit.

Radarfalle? Bremsen! Gerhard Roth formuliert es so: »Unser Gehirn versucht stets, Abläufe so weit wie möglich zu automatisieren (und damit aus dem Bewusstsein zu verbannen); denn dadurch wird seine Arbeit schneller, effektiver und stoffwechselphysiologisch billiger.«

Radikale Veränderungen: Ein Frontalangriff auf Ihre Denkmuster

Je ausgefeilter Ihre Lösungsmuster werden, desto klarere Vorstellungen entwickeln Sie von dem, was gut und was schlecht, was wichtig und was unwichtig ist. Sie überlegen nicht mehr. Sie bekommen ein Gefühl dafür, wie Dinge zu bewerten und zu erledigen sind. Ich wette, dass Sie sich zu Beginn Ihrer Karriere weit mehr an Musterlösungen und Methoden orientiert haben, als Sie es heute tun. Und dass Sie heute viel besser darin sind, zu improvisieren. Warum? Weil Sie ein Gefühl für Ihre Aufgabenbereiche bekommen haben. Was Sie als »Gefühl« wahrnehmen, ist in Wahrheit die Essenz einer jahrelangen Informationsanalyse.

Am Anfang überlegen Sie als Führungskraft, wie Sie Ihr gesammeltes Wissen aus der Business School oder dem BWL-Studium plötzlich umsetzen sollen. Sie rätseln, ob es besser ist, Ihrer Vorgesetzten eine SWOT-Analyse vorzuschlagen, eine Marktsegmentierung anzuregen oder den Mund zu halten. Vom ersten Tag an analysiert Ihr Kopf das Verhalten anderer Führungskräfte, lernt, welche Methoden als gut und welche als schlecht betrachtet werden und achtet darauf, wie Ihr Verhalten ankommt. Sie passen sich an die Kultur Ihres Unternehmens an.

Ihr Gehirn läuft dabei auf Hochtouren. Sie bemerken es nur dadurch, dass Ihnen abends der Kopf schwirrt und Sie sagen: »Heute war so viel Neues, ich muss das erst einmal verarbeiten.« Ihr Kopf bewertet jede neue Information nach dem Schema »gut« beziehungsweise »schlecht«, wobei es Teile fremder Bewertungssysteme übernimmt und zu eigenen macht. Jedes Mal, wenn Sie eine Empfehlung abgeben und Ihr Chef freundlich nickt, speichert Ihr Kopf: »Gut«. Und jedes Mal, wenn Sie auf Granit beißen, speichert Ihr Kopf »schlecht«. So entsteht das, was wir die »Scheren im Kopf« nennen, unbewusste Denkschranken, die ganze Unternehmen, ja mitunter ganze Branchen prägen. Über diese Scheren im Kopf werden Sie gleich noch mehr erfahren.

Das Gefühl für eine Sache entsteht aus hunderten, wenn nicht tausenden solcher Bewertungsvorgänge. Vielleicht verstehen Sie jetzt, warum radikale Veränderungen, wie sie durch die Digitalisierung oder Maßnahmen gegen den Klimawandel entstehen, einem Frontalangriff auf die bewährten Denkmuster gleichkommen. Deshalb haben wir häufig Schwierigkeiten damit, neue Ideen mit offenen Armen aufzunehmen. Ihr Gehirn ist äußerst träge, wenn es darum geht, die alten Denkweisen abzulegen. Offen gesagt, können wir darüber auch ganz froh sein: Wer möchte schon jeden Tag mit seiner Lebensphilosophie bei null anfangen?

Ein Reset kommt nicht von alleine

Das »Amt für emotionale Stabilität« hat nur ein sehr begrenztes Interesse daran, bewährte Bewertungssysteme und Lösungsansätze von sich aus infrage zu stellen. Schließlich war es harte Arbeit, sie aufzubauen. Deshalb gilt: Wie in einer echten Behörde kommt Veränderung selten von alleine.

Wenn Sie für sich den persönlichen Reset wagen möchten, müssen Sie die Initiative ergreifen und Ihrer Gehirnverwaltung einen Tritt geben. Sie müssen die Vorschriften außer Kraft setzen und für bekannte Probleme bewusst, ganz bewusst, neue Lösungsansätze finden. Wie in einer echten Behörde werden Sie dabei auf inneren Widerstand stoßen. Akzeptieren Sie diesen Widerstand als hirnbiologisches Phänomen, aber lassen Sie sich nicht beirren. Veränderung ist unbequem. Wie in einer echten Behörde eben.

6.3 Der Reset in Ihrem Terminkalender: So gewinnen Sie Zeit für die Entwicklung der Zukunft

Zukunftskonzepte zu entwickeln ist wie angeln gehen: Wenn Sie jeden Tag zwei Stunden eine Angel in den Fluss halten, ist die Chance, einen Fisch zu fangen wesentlich größer, als wenn Sie es nicht tun. Dummerweise lässt sich beim Angeln der beißende Fisch nicht genauso auf einen Termin legen – so wie beispielsweise eine Besprechung oder die Bearbeitung eines Dokuments. In Ihrem persönlichen Zeitmanagement steht: »Dienstag 13:37 Uhr: Karpfen beißt an.« Nun hat der Karpfen dummerweise ein anderes Zeitmanagement. Bei ihm steht: »Dienstag, 13:37 Uhr: Auf dem Grund liegen und dösen.« Um 15:00 Uhr wäre er bereit zum Beißen. Da allerdings sind Sie bereits im nächsten Meeting.

Sie können Ideen, die Grundlage für Veränderungen, nicht genau terminieren. Sie können – ähnlich wie beim Angeln – die Wahrscheinlichkeit erhöhen, indem Sie einen besseren Köder auswerfen oder die Angel dort auswerfen, wo die meisten Fische sind, aber Sie werden es niemals schaffen, eine Idee oder ein kreatives Konzept genau zu terminieren. Der kreative Prozess funktioniert anders: Immer wieder Ideen generieren, sie verwerfen, sie wieder aufgreifen, sie etwas verändern, sie wieder verwerfen und sie noch einmal neu probieren, bis sie am Ende schließlich funktionieren. Genau dafür brauchen Sie eines: Zeit.

Warum klassisches Zeitmanagement Ideen erstickt

Wahrscheinlich haben Sie das klassische Zeitmanagement gelernt, das an fast jeder Volkshochschule gelehrt wird. Das Zeitmanagement, wonach man Aufgaben in die Kategorien A, B, C und D einteilt. Die Methode dazu heißt »Eisenhower-Matrix«. Ich gehe davon aus, dass ich Ihnen damit nichts Neues erzähle. Man unterteilt Aufgaben danach, inwieweit sie wichtig und dringend sind.

Sind sie dringend und wichtig, sind sie eine A-Aufgabe. Sofort erledigen!

Sind sie wichtig, aber nicht ganz so dringend, ist es eine so genannte B-Aufgabe. Bei dieser Aufgabe ist es wichtig, sich Freiräume zu schaffen und die Abarbeitung einzuplanen.

C-Aufgaben könnte man kurz als das tägliche Geschnatter im Betrieb bezeichnen. Eine schnelle Anfrage hier, etwas, was wichtig ist da, hier noch eine kleine Antwort, da noch ein paar kurze Informationen an eine Kollegin, hier noch etwas, was angeblich fürchterlich dringend ist und sofort erledigt werden muss. Im Nachhinein stellen sich all diese Aufgaben als vollkommen unwichtig heraus und am Ende eines Tages sagen Sie sich: »Was habe ich eigentlich gemacht?«

Und dann gibt es noch die D-Aufgaben. Sie sind weder dringend noch wichtig. Manchmal machen sie einfach nur Spaß. Deshalb gibt es hier nur zwei Regeln: Entweder streichen oder weitermachen, dann allerdings als eine Art Belohnungsaufgabe.

Dieses klassische Zeitmanagement-Modell, das in dutzenden, wenn nicht gar hunderten von Seminaren und Webinaren täglich gelehrt wird, hat einen großen Nachteil. Es beschäftigt sich ausschließlich mit Projekten, die bereits vorhanden sind. Mithilfe des klassischen Zeitmanagement-Modells arbeiten Sie Aufgaben ab, die auf dem Tisch liegen.

Wenn Sie kreativ sein wollen, bedeutet das aber, sich um die Aufgaben zu kümmern, die Sie noch gar nicht kennen. Das Zeitmanagement, das ich Ihnen vorstellen möchte, sorgt für einen Reset in Ihrem Kalender. Es schafft ein Vakuum in Ihrem Zeitplan. Ein Vakuum, bei dem Sie noch nicht von Anfang an genau wissen, was in diesem Zeitraum genau passieren wird und zu welchen Ergebnissen es führen wird. Mit diesem Vakuum geben Sie einfach nur Raum, damit Neues entstehen kann. Bei der Eisenhower-Matrix fehlen zwei Komponenten: Die E- und die F-Aufgaben.

E steht für Entwicklungsaufgaben. In Ihrer E-Zeit entwickeln Sie neue Ideen, die dann möglicherweise einmal zu neuen Projekten werden, also einer B-Aufgabe und schließlich möglicherweise sogar einer A-Aufgabe. Wenn Sie sich an die Entwicklung neuer Ideen setzen, wissen Sie aber noch gar nicht, ob daraus eine Idee entsteht und wenn, was für eine. Durch fundierte Ideenentwicklungsmethodik können Sie die Chancen auf Ideen drastisch erhöhen, eine hundertprozentige Garantie jedoch wird es niemals geben.

F sind die Forschungsaufgaben. Häufig benötigen Sie für neue Ideen Wissen aus anderen Bereichen, das Sie dann mit etwas kombinieren, das Sie bereits vorliegen haben. Sie suchen beispielsweise nach Lösungsansätzen aus anderen Bereichen, nach Produkten, die woanders entwickelt wurden, nach Inspirationen aus fremden Branchen oder sogar der Natur. Es sind unkonventionelle Bildungsmaßnahmen – wenn Sie es so sehen wollen.

Zeitmanagement

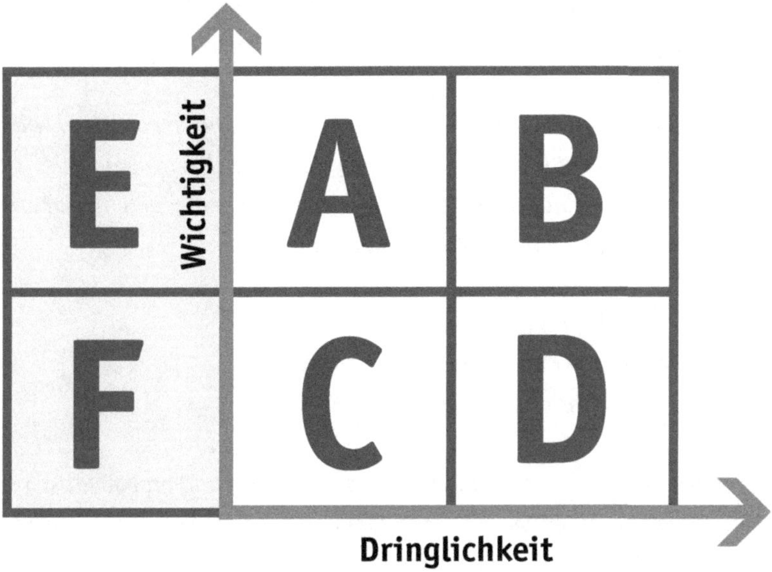

Erfolgreiche Kreative nehmen sich viel Zeit für diese F-Aufgaben. Wenn sie beispielsweise ein neues Design entwerfen wollen, nehmen sie sich manchmal einige Tage Zeit, um das Design der Natur zu studieren, das Design erfolgreicher anderer Branchen oder das Design von Musikvideos.

Beispiel: Inspirationen von außen bei der Softwareentwicklung

Sie sind Hersteller von Software und überlegen, wie Sie die Produktvorteile anders und besser kommunizieren können. Was glauben Sie, führt zu den innovativeren Ansätzen? Das übliche Meeting mit den üblichen Köpfen im Haus?

Der Vertriebsleitung, die zum zehnten Mal erklärt, was Kunden sich wünschen, der Marketingleitung, die die letzten fünf Kampagnen auf die gleiche Art und Weise bestritten hat und die über zahlreiche Branchenerfahrung verfügt, dem Produktmanager, der das Produkt seit zehn Jahren betreut und zwei weiteren Mitarbeitern?

Oder eine Analyse von bild.de, durch die Sie sich darüber inspirieren, wie die Redaktion komplizierte Inhalte in einfache plakative Schlagzeilen packt? Oder vielleicht ein Tag, den Sie mit einem freiberuflichen Werbetexter, einer kreativen Grafikerin und mit zwei jungen Studierenden verbringen?

- *»Die wissen doch gar nichts von Software.«*
- *»Die kennen unsere Kunden doch gar nicht.«*
- *»Ich weiß nicht, was das bringen soll.«*

Sofort fallen uns Argumente ein, warum das schwierig und problematisch sein könnte. Vielleicht haben Sie am Ende sogar recht. Und vielleicht erzielen Sie wirklich keine verwertbaren Ergebnisse. Das kann Ihnen jedoch bei Ihrem internen Meeting genauso passieren. Nur sind wir das gewohnt und hinterfragen es deshalb kaum kritisch.

F- und E-Aufgaben sind das, was beim Angeln das Anglerglück ist. Werfen Sie die Angel in den Fluss und erhöhen Sie die Wahrscheinlichkeit, einen dicken Fisch zu fangen. Und geben Sie Ideen eine Chance!

So schaffen Sie Raum für Neues

Wenn Sie eine neue Woche für sich selbst planen, beginnen Sie zunächst mit den E- und F-Zeiten. Planen Sie sich zwei bis drei Stunden, vielleicht sogar einen Tag im Monat ein, an dem Sie forschen gehen. Einen Tag, an dem Sie Ihren Kopf mit neuen Dingen konfrontieren.

- Neue Technologien, die in Ihrem Bereich eine Rolle spielen könnten
- Interessante Werbekampagnen, von denen Sie sich eine Scheibe abschneiden könnten
- Interessante Designs aus der Natur, die Sie zu neuen Designs inspirieren
- Ungewöhnliche Denkwegen im Bereich der Finanzen, falls Sie in diesem Bereich tätig sind
- Lesen Sie ein Buch über Guerilla-Strategien von Unternehmen, die Märkte mit ungewöhnlichen Maßnahmen revolutioniert haben
- Lesen Sie die Biografie von Walt Disney, von Richard Branson oder Thomas Edison
- Verbringen Sie einen Tag mit einem Kunden und beobachten Sie, was dem Kunden schwer fällt

Sammeln Sie dabei neue Inspirationen für neue Ideen. Nehmen Sie sich dann noch einmal zwei bis vier Stunden Zeit, um mithilfe dieser Inspirationen konkrete Ideen für konkrete Aufgaben zu entwickeln.

»Die besten Gedanken kommen in der Zurückgezogenheit, die schlechtesten im Tumult.« Dieses Zitat stammt von Thomas Edison. Edison hatte sich in seiner Erfindungsfabrik eigens einen Raum einrichten lassen, in dem er denken konnte.

Unterscheiden Sie künftig zwischen »kreativen Tagen« und »operativen Tagen«. Operative Tage sind die, an denen Sie all das erledigen, was für das Tagesgeschäft wichtig ist. Alle Meetings, alle Controlling-Aufgaben, alle Excel-Tabellen, alle Telefonkonferenzen und so weiter. An operativen Tagen versuchen Sie nur eines: Mit einer extrem hohen Taktzahl das Tagesgeschäft vom Tisch zu bringen. An operativen Tagen sind Sie ein Zeitgeiz. Jedes Meeting, das normalerweise eine Stunde dauert, versuchen Sie in zwanzig Minuten zu schaffen. Jede Tabelle, an der Sie vielleicht üblicherweise noch stundenlange Schönheitskorrekturen machen, stellen Sie fertig. Fertig werden! Weg vom Tisch!

Der radikale Reset: Machen Sie den KATZ-Test

Wir neigen dazu, uns mit so vielen Aufgaben zuzuschütten, dass der Tag voll ist. So ähnlich wie bei der Tagesschau: Es passiert immer genau so viel, wie in fünfzehn Minuten hineinpasst. Unter den Aufgaben befinden sich naturgemäß solche, die wichtig sind, solche, die weniger wichtig sind und solche, die momentan nur wichtig scheinen oder aber die erledigt werden, weil sie irgendwann einmal erledigt werden sollten. Bei genauer Betrachtung jedoch sind sie für die Katz.

Schaffen Sie Luft in Ihrem Zeitplan, um Ideen für Aufgaben zu entwickeln, die morgen wichtig sein könnten. Dazu müssen Sie im ersten Schritt Ihre Aufgabenliste einer regelmäßigen Radikalkur unterziehen. Es geht nicht darum, einfach nur einmal oberflächlich über die Aufgabenliste zu sehen, sondern radikal auszusortieren.

Mit diesem Ansatz habe ich in meiner Zeit als Berater und Coach bei Microsoft Deutschland gearbeitet. In knapp zwanzig Teams haben wir jeweils einen Tag pro Woche pro Mitarbeiterin beziehungsweise Mitarbeiter für die Entwicklung neuer Ideen freigeschaufelt. Save zwanzig hieß das Programm. Beim KATZ-Test durchforsten Sie Ihre Aufgaben nach vier Kriterien:

K: Konsequenz

Wenn Sie die Aufgabe bleiben lassen würden, hätte das irgendwelche Konsequenzen? Oder kann es sein, dass im Kern niemand bemerken würde, dass die Aufgabe gar nicht erledigt wird? Wenn Sie diese Frage mit nein beantworten können, sollten Sie die Aufgabe so schnell wie möglich streichen.

A: Alternativen

Gibt es zu der Aufgabe, die Sie tun, Alternativen, mit denen Sie das gleiche Ziel erreichen würden? Möglicherweise sogar mit weniger Arbeit? Überlegen Sie genau: Was will ich eigentlich mit der Aufgabe erreichen? Welches Ziel verfolge ich? Wenn Sie nun feststellen, dass Sie das gleiche Ziel auch mit weniger Aufwand erreichen könnten, arbeiten Sie gerade für die Katz.

T: Torpedo

Torpediert das Projekt andere Dinge, die Sie eigentlich machen wollen, bei denen Sie aber häufiger sagen: »Eigentlich müsste ich es ja tun, aber mir fehlt die Zeit dazu.«? Torpediert die Aufgabe neue Ideen? Überlegen Sie, was Sie tun würden, wenn Ihnen das Projekt unvermittelt weggenommen würde und Sie plötzlich Zeit hätten, sich um Neues zu kümmern. Was würden Sie tun? Eingefahrene Abläufe überarbeiten? Neue Produktideen entwickeln? Neue Ideen für eine bessere Kundenbindung ausarbeiten? Oder vielleicht der Bürokratie im eigenen Unternehmen zu Leibe rücken und sie durch bessere Abläufe ersetzen?

Z: Ziele

Haben sich die Ziele für die Aufgaben möglicherweise verändert? Häufig ist es so, dass wir einer Aufgabe hinterherjagen, nur weil sie auf unserer Liste steht. Und wir vergessen dabei vollkommen, dass sich die Ziele mittlerweile vielleicht verändert haben könnten. Und damit arbeiten wir Aufgaben ab, die gestern zwar Sinn gemacht haben, aber heute definitiv für die Katz sind.

Sie werden sehen, was für ein befreiendes Gefühl es ist, alle ein bis zwei Wochen ein Viertel der eigenen Aufgaben entweder ersatzlos zu streichen, durch Alternativen zu ersetzen, mit denen das gleiche Ziel erreicht wird, oder so zusammenzustutzen, dass sie schnell von der Aufgabenliste verschwinden und erledigt werden können.

Damit Sie Ihre freie Zeit zielorientiert nutzen können

Dutzende von Personalberatungen haben in den vergangenen Jahren Abläufe immer effektiver und effizienter gemacht. Jede Handbewegung, jedes Fingerschnippen und beinahe jeder Atemzug wurden daraufhin analysiert, ob sie zur Wertsteigerung beitragen. In Unternehmen, in denen Menschen praktisch wie Roboter arbeiten, macht das durchaus Sinn. Ideenentwicklung jedoch lässt sich so nicht durchplanen.

Nachdem Sie in Ihrem Terminkalender ein Vakuum haben, gilt es, die Entwicklungs- und Forschungszeiten sinnvoll zu nutzen – ohne sofort wieder in das Muster des beißenden Karpfens um 15:37 Uhr zu verfallen. Dafür gibt es ein klares Vorgehen:

- Definieren Sie die Ziele, die Sie in diesem Freiraum erreichen wollen. Hinterfragen Sie, ob Sie sich mit diesen Zielen wirklich identifizieren und ob Sie sie voller Leidenschaft verfolgen können (siehe hierzu auch den Abschnitt über intrinsische Motivation). Definieren Sie ein Suchfeld für neue Ideen und legen Sie – falls notwendig – Deadlines und Zwischenziele fest.
- Planen Sie die Zeiten, die Sie zur Verfügung haben. Ist es eine Stunde pro Woche? Sind es vier Stunden pro Woche? Vielleicht ein ganzer Tag? Oder sind es zwei Tage im Monat?
- Wiederholen Sie den KATZ-Test. Überlegen Sie jetzt noch einmal, welche Aufgaben dafür von der aktuellen Liste verschwinden sollen. Was ist im Vergleich zu den Zielen, die Sie definiert haben, für die Katz?

Dieser letzte Punkt ist außerordentlich wichtig! Ich habe komplette Innovationszentren von Unternehmen kennengelernt, in denen die Mitarbeiter vor lauter Tagesgeschäft und Verwaltung nicht mehr zu dem kamen, wofür ihre Abteilung eigentlich aufgebaut wurde: Zur Entwicklung von Innovationen. Bekämpfen Sie den natürlichen Reflex, sich in der gerade frisch gewonnenen Zeit gleich wieder neue Projekte überzustülpen. So reizvoll dieser Gedanke auch scheinen mag, Sie würden damit das kreative Pflänzchen, das Sie gerade zum Leben erweckt haben, gleich wieder vernichten.

Fazit: Zeit für den Reset!

Keine Zeit verlieren

Ich hoffe, dass ich Sie in diesem Buch dafür sensibilisieren konnte, dass Unternehmen, die im Turbowandel der nächsten Jahre bestehen wollen, sich immer wieder hinterfragen müssen:

- Tun wir das Richtige?
- Sind wir richtig organisiert?
- Nutzen wir neue Technologien wirklich am besten?
- Sind andere möglicherweise schon weiter als wir?

Der regelmäßige Reset ist in vielen Unternehmen bereits ein fester Bestandteil der Wachstumsstrategie geworden. Diese Unternehmen gehen einen ständigen Spagat zwischen Effizienz und Kreativität, zwischen Freiheit und Reglementierung, zwischen utopischen Visionen und realistischen Innovationen. Sie haben erkannt, dass ungelenkte Kreativität sinnlos ist, Ideen und kreative Konzepte sich aber andererseits nicht in normale Prozesse zwängen lassen.

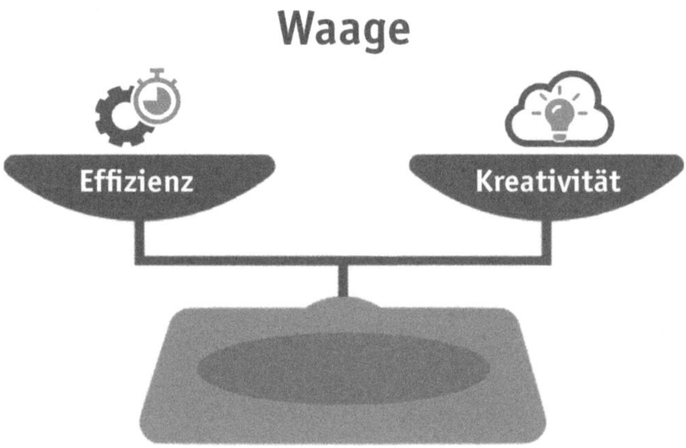

»Das sind alles nette Beispiele«, werden Sie jetzt denken. »Doch wie soll ich im Vorstand oder gegenüber meiner Chefin argumentieren, welche Vorteile es hat, regelmäßig einen Reset durchzuführen? Die wollen einen klaren Nutzen hören.«

Diesen Nutzen möchte ich Ihnen im letzten Kapitel aufzeigen. Dazu möchte ich mich einer meiner Lieblingsmethoden der technischen Entwicklung bedienen: dem Reverse Engineering. Eigentlich wird diese Methode verwendet, um Produkte auseinanderzunehmen und die Entwicklung zurückzuverfolgen: bis auf die Konstruktionspläne oder den Quellcode.

Sie nehmen ein E-Bike auseinander und fragen sich: Was haben sich die Ingenieure und Ingenieurinnen bei der Entwicklung gedacht? Warum ist ein bestimmtes Design so entstanden wie es heute umgesetzt wurde? Vor welchen Herausforderungen stand das Entwicklungsteam und warum hat es diese Lösungen gewählt?

Sie zerlegen einen Popsong in seine Grundbestandteile: die Melodien, den Rhythmus, den Aufbau und die Effekte, die eingesetzt worden. Sie fragen sich: Mit welchen Rezepten haben die Produzenten gearbeitet, um den Song charttauglich zu machen?

Sie analysieren die Codebasis einer Softwareanwendung. Das hat zum Beispiel der SPIEGEL im Dezember 2021 getan, als er zusammen mit der Forschungsorganisation AlgorithmWatch TikTok analysierte und die Frage gestellt hat: Wie schafft es das Unternehmen, Nutzerinnen und Nutzer so lange wie möglich online zu halten?

Diese Art des Reverse Engineering ist eine andere Form des Resets. Das gleiche können Sie mit Unternehmen machen, die heute zu den Gewinnern des digitalen Wandels der letzten Jahre gehören. Oder die ihre Kunden durch besondere Nachhaltigkeitskonzepte begeistern. Sie fragen sich: Was war das Rezept? In diesem Buch haben Sie das Beispiel von Gopuff kennengelernt, die durch diese Form des Resets ein Geschäftsmodell erfolgreich eingeführt haben, das andere für gescheitert erklärt haben.

Genau diese Methode nutzen Sie für sich, Ihr Team und Ihr Unternehmen. Versetzen Sie sich ins Jahr 2030. Überlegen Sie, was passiert, wenn Sie bis dahin nichts verändern. Um Sie herum wird die Wirtschaft nachhaltiger und digitaler. Die Baby-Boomer winken noch einmal und verabschieden sich in die Rente. Fachkräfte sind noch schwerer zu bekommen als heute. Sie werden schnell zum Ergebnis kommen: Bis dahin muss ziemlich viel passieren, damit Sie weiterhin erfolgreich sind. Nun ist 2030 noch lange hin. Müssen Sie da wirklich heute schon handeln?

Denken Sie das Szenario anders herum: Wo möchten Sie und Ihr Unternehmen in den nächsten Jahren stehen?

- Möchten Sie, dass sich Bewerberinnen und Bewerber darum reißen, bei Ihnen zu arbeiten?
- Wünschen Sie sich, dass Kunden und Kundinnen von Ihren digitalen Angeboten begeistert sind?
- Wenn Sie jemand zum Klimawandel befragt, möchten Sie antworten: »Da sind wir Vorreiter.«

Nehmen wir an, in fünf Jahren möchten Sie genau das von sich, Ihrem Team und Ihrem Unternehmen sagen. Was muss bis dahin passiert sein? An einem Beispiel möchte ich Ihnen Reverse Engineering erklären.

Reverse Engineering schafft Handlungsdruck

In fünf Jahren sollen Ihre digitalen innovativen Lösungen am Markt etabliert sein. Mehr als hundert Ihrer heutigen Kunden sollen diese Lösungen begeistert nutzen. Sie wachsen in diesem Bereich mit dreißig Prozent jährlich.

Sie denken das jetzt rückwärts:
Wenn das bei hundert Kunden eingeführt sein soll und jede Einführung durchschnittlich eine Woche dauert, brauchen Sie dafür hundert Wochen. Der Roll-out muss also spätestens in drei Jahren erfolgen.

Sie wissen, dass Ihre Kunden durchschnittlich zwölf Monate brauchen, um für eine neue Lösung Budgets freizugeben, ein Projektteam zusammenzustellen und mit der Umsetzung starten. Sie müssen mit dem Vertrieb also in ungefähr zwei Jahren starten.

Ihr technisches Team schätzt, dass die Entwicklung ungefähr sechs Monate dauert. Dazu kommen noch einmal drei Monate für Tests. Und weil grundsätzlich immer etwas schiefgeht, planen Sie noch einmal drei Monate ein. Dieser Zeitplan ist jedoch nur zu halten, wenn eine externe Entwicklungsfirma beauftragt wird. Die Entwicklung müsste also in ungefähr einem Jahr starten.

Die Suche nach einer externen Entwicklungsfirma dauert ungefähr sechs Monate: von der Ausschreibung über die Einbindung des Einkaufs bis hin zum Auswahlprozess und den Vertragsverhandlungen. Sie sollten damit in sechs Monaten starten.

Bevor Sie die Suche nach einer externen Entwicklungsfirma starten, brauchen Sie mehrere Workshops mit Ihrem technischen Team und einem Designteam, um das Konzept visuell und technisch zu entwickeln. Und dann müssen Sie noch ein Team zusammenstellen, das die Entwicklung von ihrer Seite aus koordiniert und vorantreibt. Bis alles fertig ist, braucht es ungefähr drei Monate. Sie haben also noch ein Vierteljahr Zeit.

Aktuell existiert noch kein Produktkonzept. Dazu müssten Sie ungefähr zehn Tage mit Kunden verbringen, um deren Anforderungen genau kennenzulernen. Diese Tage müssen terminiert werden, anschließend brauchen Sie Zeit zur Auswertung und zur Entwicklung einer Konzeption. Das können Sie über einen Zeitraum von zwei Monaten bewältigen. Die Terminierung sollte also in einem Monat starten.

Eine Entscheidung in dieser Größenordnung wird von der Geschäftsleitung getroffen. Diese trifft sich einmal monatlich, das nächste Mal in vierzehn Tagen. Bis dahin sollte der Projektantrag fertig formuliert sein, idealerweise mit einem Zeitplan und einer ersten Kosten-Nutzen-Rechnung. Aus Ihrer Erfahrung heraus wissen Sie, dass Sie das – wenn Sie sich richtig beeilen – innerhalb von einer Woche schaffen können. Dummerweise ist die nächste Woche bereits mit Terminen gefüllt.

In dieser Woche haben Sie in Ihrem Terminkalender noch einige Lücken. Das heißt: Wenn Sie wirklich in fünf Jahren diese Ziele erreichen wollen, sollten Sie morgen loslegen.

Zugegeben: Das ist etwas überspitzt formuliert. Aber es zeigt die Notwendigkeit, schnell zu handeln. Die Dinge dauern immer deutlich länger, als man es sich zu Beginn denkt. Wenn Sie Reverse Engineering betreiben, stellen Sie fest, dass Sie deutlich weniger Zeit haben, als Sie denken. Reset! Starten Sie gleich morgen. Oder übermorgen, falls Ihr Terminkalender morgen schon voll ist.

Der Reset in Form von Reverse Engineering ist nicht alleine auf die Entwicklung innovativer Angebote und Dienstleistungen beschränkt. Diese Übung können Sie in allen Abteilungen Ihres Unternehmens beziehungsweise Ihrer Organisation machen.

Warum Sie den Reset in der Buchhaltung brauchen

Machen Sie einmal folgendes Experiment: Bewerben Sie sich bei einem Unternehmen als Buchhalter beziehungsweise Buchhalterin und schreiben Sie in die Bewerbung, dass »Kreativität« eine Ihrer großen Stärken ist. Ich gehe jede Wette ein, dass Sie Ihre Bewerbung schneller zurückhaben, als Sie bis hundert zählen können. Außer bei Wirecard, da wären Sie willkommen gewesen.

Geben Sie bei Google einmal die Suchbegriffe »kreative Buchhaltung« ein, dann wissen Sie warum: Kreative Buchhaltung macht aus Verlusten Gewinne. Besonders kreativ ist die Buchhaltung, wenn – wie bei Wirecard – 1,9 Milliarden Euro fehlen. Obwohl sie laut Zahlenwerk eigentlich da sein müssten. Kein Wunder, dass Sie – wenn Sie offiziell verkünden, dass Sie in Ihrem Unternehmen kreative Buchhaltung betreiben – Ihre größten Freunde nicht im Kreis des zuständigen Finanzamts finden werden.

Wollen Sie eine kreative Buchhaltung haben? Drücken Sie den Reset-Knopf! Ja, natürlich! Nur eben keine, der Ihnen die Bilanzen fälscht. Sondern Beschäftigte im Finanzwesen, die beispielsweise systematisch Ihre Abläufe hinterfragen und überlegen, wie die Buchungsprozesse einfacher und schneller gestaltet werden können. Beschäftigte, die die Darstellung in hochkomplexen Excel-Tabellen radikal vereinfachen. Und die laut die Frage stellen: »Können wir nicht endlich Taxibelege abschaffen?«

Was bringt Ihnen eine kreative Buchhaltung? Sie verschlankt die Prozesse, senkt den Verwaltungsaufwand und spart damit Geld. Sie stellt Informationen so dar, dass nicht nur sie sie versteht, sondern auch andere, die damit täglich zu tun haben.

Einer unserer Kunden, die Finanzabteilung einer großen Brauerei, hatte folgenden Grund, sich mit Kreativität zu beschäftigen: Die Abteilung erstellt jeden Monat Finanzanalysen, mit denen sich die Führungskräfte aber nicht wirklich beschäftigen. Die Präsentation der Zahlen gerät zur Pflichtveranstaltung. Die einen ignorieren sie, weil sie eine Allergie gegen Tabellen haben, die anderen langweilt es, weil es seit Jahren immer das gleiche ist.

Das hat den Chef der Abteilung dazu veranlasst, nach neuen Darstellungswegen zu suchen: Einer neuen Art der Aufbereitung und einer neuen Art der Präsentation. Mit dem Ziel, die angeblich so trockenen Zahlen spannend und nachvollziehbar aufzubereiten. Damit Führungskräfte Verschwendung schneller und besser aufspüren können.

Wie viel Zeit haben Sie dafür? Machen Sie einen Reset in Form von Reverse Engineering.

Reset in der HR-Abteilung: Mit neuem Denken das Employer Branding stärken

Auch in anderen Abteilungen setzen Sie durch einen Reset wertvolle Ressourcen frei. Früher erkannten Sie konservativ geprägte Beschäftigte aus der Personalabteilung daran, dass sie als wichtigstes (und manchmal sogar einziges) Instrument der Personalwerbung an eine Stellenanzeige dachten. Die Position wird ausgeschrieben, aus der Vielzahl der Bewerbungen werden diejenigen herausgesucht, die passen könnten, dann werden die Kandidaten zum Vorstellungsgespräch eingeladen und so weiter.

Drücken Sie den Reset-Knopf! Hinterfragen Sie, ob das klassische Bewerberprofil, das seit Jahren gesucht wird, den künftigen Herausforderungen wirklich gut tut. Sie denken darüber nach, welche zusätzlichen Kommunikationskanäle das Unternehmen schaffen kann: Einen Live-Chat auf der Homepage, Videos bei TikTok, eine LinkedIn-Gruppe. Und sie fragen sich, ob man das klassische Auswahlverfahren nicht durch andere Methoden ersetzen kann: Kurzpraktika, Arbeit an konkreten Problemen, temporäre Mitarbeit an konkreten Projekten et cetera.

Bei der Gestaltung von Verträgen und Anreizen setzen weniger kreative HR-Beschäftigte auf das klassische Instrumentarium: Festanstellung mit Festgehalt, möglicherweise variables Gehalt. Kreative HR-Mitarbeiter überlegen ständig: Gibt es andere Anreize, die wir setzen können? Spätestens wenn Ihre Mitbewerber sagen: »Wir haben nicht genügend Geld, um die wirklich guten Bewerberinnen und Bewerber zu bekommen«, antworten kreative HR-Beschäftigte: »Dann müssen wir eben spannendere Aufgaben und Herausforderungen als die anderen bieten.«

Wenn es um die Konzeption der Weiterbildung geht, bieten weniger kreative Beschäftigte aus der Personalentwicklung das Standardprogramm an Seminaren an. Kreative drücken gerade bei der Weiterbildung ständig den Reset-Knopf:

- »Ist es das, was unsere Beschäftigten wirklich brauchen?«
- »Wie nachhaltig ist ein Seminar?«
- »Gibt es nicht effektivere Lernformen?«

Worin also besteht der Nutzen eines Resets im Personalwesen? Auch hier wird Geld gespart, aber nicht nur dadurch, dass – wie in der Buchhaltung – festgeschriebene Prozesse effektiver gestaltet werden. Sondern dadurch, dass Methoden ständig hinterfragt, neue Prozesse aufgesetzt und ausprobiert werden. Mit dem Ziel, Personalwerbung effektiver zu gestalten. Nicht mehr fünfhundert Bewerbungen abarbeiten, sondern durch ein verbessertes Kandidatenscreening mehr Fokus und weniger Verwaltungsaufwand erzielen. Wenn die bewährten Wege in der Weiterbildung ständig hinterfragt werden und wenn das Unternehmen kontinuierlich neue Wege ausprobiert, steigt die Qualität.

Überlegen Sie, wo Sie in fünf Jahren mit der HR-Abteilung sein wollen. Und dann denken Sie rückwärts. Sie werden – wie in der Einleitung zu diesem Schlusskapitel beschrieben – feststellen, dass die Zeit zum Handeln jetzt ist. Außer Sie verschieben die Zukunft.

Reset im Vorstand und der Geschäftsführung: Innovative Strategien brauchen innovative Impulse

Das Klischee des zigarrenrauchenden Altherrenklubs im Vorstand gehört endgültig ins letzte Jahrhundert. Hätten Sie in Vorständen der fünfziger, sechziger oder sogar neunziger Jahre über einen Reset gesprochen, hätte der ein oder andere verwundert gefragt, ob das eine neue Aschenbechermarke ist. Heute ist das anders. Vorstände und Geschäftsführungen umgeben sich bewusst mit Menschen, die anders denken und anders handeln als sie.

Ein Unternehmensvorstand, der direkten Zugang zu Menschen mit neuen Ideen hat, erhält vielfältige neue Sichtweisen auf die Herausforderungen der Zukunft und zahlreiche neue Handlungsoptionen. Das bringt das Unternehmen in eine neue Position: Raus aus der Defensive, rein in die Offensive. Wenn neue Probleme auftauchen oder wenn sich Märkte schneller als erwartet ändern, hilft es dem Unternehmen, adaptiver zu werden: Wenn der Vorstand regelmäßig über konkrete neue Ideen und Wege diskutiert, wenn die oberen Spitzen eines Unternehmens für Plan B, C und D bereits sensibilisiert sind, kann das Unternehmen schneller reagieren und schneller entscheiden.

Wenn Sie heute einen Buchverlag leiten, wen hätten Sie lieber um sich herum? Einen konservativen Vertreter der Branche, der Ihnen vorschwärmt, wie schön die siebziger Jahre waren? Oder einen ausgewiesenen Experten für den Aufbau von Geschäftsmodellen im Internet?

Wenn Sie einen Automobilkonzern in die Zukunft führen wollen, wen wünschen Sie sich als Gesprächspartner? Jemanden, der beim Geruch von verbranntem Diesel stehenbleibt und tief durchatmet? Oder jemanden, dem beziehungsweise der die Entwicklung der Elektromobilität viel zu langsam vorangeht?

Und wenn Sie eine Krankenkasse leiten, wer bringt Ihnen neue Sichtweisen? Ein Gesprächspartner, der Ihnen täglich erzählt, wie schwer die Lage ist und wie kurzsichtig die Politik handelt? Oder eine Expertin für Innovation im Medizinbereich?

Ein Reset hat auch hier einen klaren Nutzen. Er trägt dazu bei, Unternehmen zukunftssicher zu machen und die Existenz von morgen zu sichern. Doch wann damit anfangen? Im Eingangsbeispiel finden Sie die Antwort: Wenn Sie wirklich in vierzehn Tagen eine erste Entscheidung über ein innovatives Zukunftskonzept auf der Tagesordnung haben und diese Entscheidung möglichst fundiert ausfallen soll, wie lange haben Sie denn noch Zeit, nach Impulsen von außen zu suchen?

Der Reset ist nicht das Ziel – sondern der Weg dahin

Wenn es im Titel dieses Buches heißt, »Wie sich Unternehmen und Organisationen neu erfinden«, dann ist das kein Selbstzweck. Der Reset ist nicht das Ziel, sondern eine ständige Methode auf dem Weg dahin. Ihre Ziele sind vielleicht folgende:

- Einführung von künstlicher Intelligenz im Finanzwesen. Auf dem Weg dorthin benötigen Sie immer wieder einen Reset, um Schwachstellen wirksam zu analysieren, neue – auch ungewöhnliche – Wege in Betracht zu ziehen und eine Vielfalt möglicher Lösungsansätze zur Auswahl zu haben. Damit Sie sich am Ende nicht für die zweit- oder drittbeste Lösung entscheiden müssen, weil es keine genialen Ideen gab, sondern für die beste Lösung, die zu diesem Zeitpunkt zur Verfügung stand. Und damit Sie morgen eine noch bessere Lösung finden. Regelmäßige Resets bedeuten: Niemals stillstehen.
- Gezieltere Ansprache von Bewerbern. Wenn Sie wirklich neue Wege in der Personalwerbung gehen wollen, müssen Sie sie neu erfinden. Wer sagt Ihnen, ob Sie qualifizierte Bauingenieure eher über die Fachpresse, virtuelle Veranstaltungsformate oder über soziale Netzwerke wie LinkedIn finden? Sie müssen es ausprobieren.
- Nachhaltige Geschäftsmodelle entwickeln. Analysen, Trendstudien und Marktforschung sind wichtig, aber irgendwann müssen Sie den Sprung ins kalte Wasser wagen. Ausprobieren, was funktioniert. Und weil Sie mit hoher Wahrscheinlichkeit dabei einige Bauchlandungen machen werden, ist es wichtig, inspirierende Menschen um sich herum zu haben, die nicht gleich beim ersten Problem sagen: »Habe ich doch schon immer gewusst, dass es nicht funktioniert.«

Starten Sie den Reset jetzt!

Entwickeln Sie Visionen mit dem Kennedy-Effekt. Setzen Sie sich Ziele, die weh tun. Und setzen Sie sie mutig um. Der regelmäßige Reset hilft Ihnen, diese Ziele zu erreichen.

- Ja, Sie werden zwischendurch scheitern. Drücken Sie den Reset-Knopf und überlegen Sie, wie Sie es besser angehen können.
- Sie werden auf ungewohnte und unerwartete Hindernisse stoßen. Drücken Sie den Reset-Knopf und finden Sie kreative Wege, die Hindernisse zu überwinden.
- Ihre Kunden werden die ersten Ergebnisse ablehnen. Drücken Sie den Reset-Knopf und überdenken Sie Ihre Marketing- und Vertriebskonzepte.

Innovation ist in den nächsten Jahren die neue Normalität. Neue Anwendungsfälle für digitale Lösungen zu finden, erfordert Innovation. Neue Nachhaltigkeitskonzepte umzusetzen, erfordert Innovation. Und im Fachkräftemangel zu bestehen, erfordert ebenfalls Innovation. Das wird das wichtigste Thema der nächsten Jahre.

Innovation ist mehr als jeder andere Bereich im Unternehmen durch Leidenschaft geprägt. Ihre Aufgabe der Zukunft wird es sein, dieses Feuer der Leidenschaft zu entzünden und jeden Tag am Brennen zu halten. Bei Ihnen selbst. Bei Ihren Kolleginnen und Kollegen. Und bei Ihren Beschäftigten. Damit Sie in den nächsten Jahren voller Begeisterung als Team sagen können: »Reset! Lasst uns unser Unternehmen und unsere Organisation neu erfinden!«

Literaturhinweise

BaFin: Der deutsche Finanzsektor und die Nachhaltigkeitsrisiken, Oktober 2021

Bickenbach, Frank und Liu, Wan-Hsin: Chinas neuer Fünfjahresplan, IFW Kiel, April 2021

BP nimmt schrittweise Abschied vom Öl, manager magazin, Oktober 2020

Bühren, Christoph u.a.: Ambiguity Aversion, Management Review Quarterly, Mai 2021

Bunkanwanicha, Pramuan u.a.: Managing a Post-Covid19 Era, ESCP Impact Papers

Cohan, Peter: How Netflix reinvented itself, Forbes, 2013

Debter, Lauren: Beer, Band-Aids and Ben & Jerry's, Forbes, August 2020

Deutsche Telekom: Digitalisierungsindex Mittelstand 2020/2021

Deutsche Welle: Mit Papier, Stift und Fax gegen Corona, 2021

Europäische Union: Fit for 2030 series: Commission takes first steps on carbon dioxide removal – clear accounting and permanence will be key

Gartner Institut: Die wichtigsten strategischen Technologietrends für 2022

Hill, Jürgen u.a.: Studie Machine Learning 2021, Lufthansa Industry Solutions und Microsoft

Kamp, Matthias: Peking ist das Startup-Zentrum der Welt, Neue Zürcher Zeitung, Oktober 2019

Köhn, Rüdiger: Software-Schmiede Siemens, Frankfurter Allgemeine Zeitung, August 2021

McKinsey: Deutschand 2030 – Kreative Erneuerung, Juni 2021

Meyer, Jens-Uwe: Die Innovationsfähigkeit von Unternehmen, BusinessVillage, 2015

Meyer, Jens-Uwe: Digitale Gewinner, BusinessVillage, 2019

Mihr, Reiner: JD.com steigt in die Lebensmittelproduktion ein, Lebensmittelpraxis.de

Rollings, Mike: Wie Sie bessere Geschäftsentscheidungen treffen, Gartner 2021

OECD Economic Outlook, Volume 2019, Issue 1

Oonk, Marten und Sunde-Hansen, Daniel: Has the virus beaten the corporate immune system? Deloitte, April 2020

Stowasser, Sascha: ifaa-Studie – Produktivitätsstrategien im Wandel, Institut für angewandte Arbeitswissenschaft

Styvén, Maria u.a.: Employee Perception of Employers Creativity and Innovation, Journal of Business Research, 141 (2022)

Wirtschaftsverbände nennen Lieferkettengesetz bürokratische Zumutung, ZEIT, 2021

Witsch, Kathrin: Xi Jinping will keine neuen Kohlekraftwerke im Ausland bauen, Handelsblatt, September 2021

Wolff, Reinhard: Hafermilchfans wittern Verrat, taz, 2020

Zenglein, Max u. a.: Von der »Werkbank der Welt« zur Innovationswirtschaft, Bundeszentrale für politische Bildung, 2018

Weitere Bücher von Dr. Jens-Uwe Meyer

Weitere Bücher von Dr. Jens-Uwe Meyer

Jens-Uwe Meyer
Digitale Gewinner
Erfolgreich den digitalen Umbruch managen
1. Auflage 2019

272 Seiten; Hardcover; 24,95 Euro
ISBN 978-3-86980-450-7; Art.-Nr.: 1061

Jens-Uwe Meyer
Digitale Disruption
Die nächste Stufe der Innovation
2. Auflage 2017

288 Seiten; Hardcover; 24,95 Euro
ISBN 978-3-86980-345-6; Art.-Nr.: 1001

Jens-Uwe Meyer
Die Innovationsfähigkeit von Unternehmen
Messen, analysieren und steigern
2. Auflage 2017

408 Seiten; Broschur; 39,80 Euro
ISBN 978-3-86980-308-1; Art.-Nr.: 973

Jens-Uwe Meyer, Henryk Mioskowski
Genial ist kein Zufall
Die Toolbox der erfolgreichsten Ideenentwickler
2. Auflage 2016

248 Seiten; Broschur; 21,80 Euro
ISBN 978-3-86980-193-3; Art.-Nr.: 898

www.BusinessVillage.de